Tous nos ouvrages sont disponibles aux

Éditions Decoopman
Ferrières
30440 Saint-Laurent-le-Minier
Tel : +33 (0)4.67.73.90.95
web : www.decoopman.com
e.mail : livres@decoopman.com

Olivier Lacaux
Jean Castanier

I.S.B.N. 978-2-36965-207-6
Dépôt légal : 3e trimestre 2024

Ouvrages parus
aux Éditions Decoopman
Collection « *Sciences & Techniques* »

Auto / Moto

- *Anatomie de l'automobile* - F. Carlès
- *Embrayages & Feins* - R. Champly
- *Motocyclettes et side-cars* - M. Zerolo

Chemins de fer

- *La locomotive* - U. Lamalle & F. Legein
- *La machine locomotive* – E. Sauvage
- *Les chemins de fer* – A. Guillemin
- *Locomotive & Chemin de Fer* – L. Figuier

Électricité

- *Des électromoteurs* - T. du Moncel
- *La machine de Gramme* - A. Breguet
- *La bobine Ruhmkorff* - A. Loiseau

Horlogerie

- *Gnomonique* - G. Bigourdan
- *Comptage du Temps* - R. Baierlein
- *Manuel d'horlogerie* - P. Foucher
- *L'horloger à l'établi* - Schulz et Kames
- *Échappements d'horloges* - Ch. Gros
- *Encliquetages* - F. Balavoine
- *Échappements à ancre* - École de Cluses
- *Guide-manuel de l'Horloger* - C. Saunier
- *Histoire de l'Horlogerie* - P. Dubois
- *L'Horloger sonneries* - C. Poncet
- *L'Horloger* - C. Poncet
- *L'art de connaître les montres* - J. Gondy
- *L'art de l'Horlogerie enseigné en trente leçons* - Anonyme
- *Les merveilles de l'Horlogerie* - Graffigny
- *L'horlogerie électrique* - G. Tobler
- *Traité d'horlogerie moderne* - C. Saunier

Hydraulique

- *Traité d'hydraulique* - N. Boquillon
- *Machines destinées à l'élévation des eaux* - A. Morin

Marine

- *La Marine française* - F. Roux
- *Des bateaux aux couleurs de la Gironde* - F. Jouison
- *Abécédaire des forces sous-marines* - P. Nôtre & J. L. Vichot
- *La Marine de guerre* – L. Huard
- *La Marine de guerre – A. Sauvaire-Jourdan*
- *La navigation sous-marine* – G.L. Pesce
- *Les bateaux automobiles à pétrole* - R. Champly
- *Les paquebots à grande vitesse – M. Dumoulin*
- *Les Torpilles* – E. Hennebert
- *Sous-marins & submersibles - Max Laubeuf*
- *L'Artillerie moderne (Le monde industriel)* – L. Huard

Mécanique

- *507 Mouvements mécaniques* – H. Brown
- *760 mouvements mécaniques* - G. Vander Haeghen
- *Appareils d'obturation* - J. Gary et A. Druot
- *Des mécanismes élémentaires* - L.E. Loche
- *Engrenages & Transmissions* – G. Franche
- *Engrenages et vis sans fin* - R. Champly
- *Les Machines* – E. Collignon

Ouvrages parus
aux Éditions **Decoopman**
Collection « ***Sciences & Techniques*** »

Mécanique (suite)

- *Les mouvements mécaniques* - M. Nicaise
- *Mécanismes des machines* - H. Leblanc
- *Notions de technologie mécanique* - P. Beauvais
- *Organes de transmission* - R. Champly
- *Organes de machines* - J. Gary et A. Druot
- *Organes auxiliaires des machines* - R. Champly
- *Traité de mécanique industrielle* - S. Flachat
- *Traité pratique des engrenages* - L. Wève
- *Transmission du mouvement* - J. Gary et A. Druot

Métiers

- *Comment on devient forgeron* - R. Champly
- *Forges et fonderies* - G. Franche
- *La serrurerie* - H. Havard
- *Manuel du luthier* - Maugin & Maigne
- *Histoire de l'imprimerie* - P. Lacroix
- *L'art du luthier* - A. Tolbecque
- *Accordeur de pianos* - G. Huberson

Moteurs

- *Le moteur Diesel d'automobile* - H. Petit
- *Notions sur les moteurs à explosion* - L. Lacoin
- *Le moteur deux temps* - L. Ventou-Duclaux
- *Moteurs d'aviation* - C. Martinot-Lagarde
- *Le moteur sans soupape Knight* - A. Contet
- *Les Moteurs* – H. de Graffigny
- *Les moteurs à vent* - R. Champly
- *Moteurs* - Max de Nansouty
- *Moteurs & Gazogènes* – L. Letombe

Moteurs Stirling

- *D'Asap à Rhombic 160* - D. Lyonnet
- *Fabriquer des moteurs Stirling* - A. Ross
- *Petits moteurs Stirling pour l'amateur* – D. Lyonnet

Vapeur

- *Le Clos Serpollet* - P. Dubarry de Lassalle
- *Catéchisme des Chauffeurs* - Collectif
- *Distribution de la vapeur* - M. Castelnau
- *Distribution de la vapeur* - A. Spineux
- *Gouvernails à vapeur Farcot* – J. Farcot
- *Histoire de la machine à vapeur* – R.H. Thurston
- *L'A.B.C. du Chauffeur* – H. Mathieu
- *Les bateaux à vapeur* – L. Figuier
- *Les Locomobiles* – L. Figuier
- *Les machines à vapeur* - J.P. Delaby
- *La machine à vapeur* – E. Sauvage
- *La Vapeur – A. Guillemin*
- *Tiroirs et distributeurs de vapeur* – A. Madamet

Contribution française à l'évolution technique des moteurs alternatifs à combustion interne

Max SERRUYS

Professeur au Conservatoire National des ARTS et MÉTIERS et à l'École Centrale des ARTS et MANUFACTURES

Max Serruys (1905 - 1986)
© Ch. Magot-Cuvru

Max SERRUYS

Né en 1905 à Cheillé (Indre-et-Loire), Max Serruys était un ingénieur et scientifique français connu pour ses travaux dans le domaine des moteurs à combustion interne. Docteur ès sciences, professeur de Physique et Chimie de la combustion dans les moteurs légers, Professeur de Moteurs à combustion interne au Conservatoire national des Arts et Métiers, professeur à l'École des Arts et Manufactures, il a travaillé sur des sujets liés à la combustion, aux carburants et à la performance des moteurs.

Max Serruys a concentré ses recherches sur plusieurs domaines spécifiques liés aux moteurs à combustion interne : la carburation et le mélange air-carburant, les cycles thermodynamiques, les problèmes de rendement et les pertes d'énergie, la lubrification et l'usure des pièces, les émissions et l'environnement, apportant ainsi une contribution importante à la compréhension des moteurs à combustion interne, de leur fonctionnement et de leur efficacité.

Victime, en laboratoire, d'un très grave accident le 26 juillet 1938, il perd, à 33 ans, ses deux bras et poursuit néanmoins ses travaux, équipé de prothèses (on peut voir sur la photo la main en bois). Il décéda à Paris en 1986.

M. Max Serruys est l'auteur de recherches remarquables sur la combustion dans les moteurs. Il a créé en particulier un appareil à relever les diagrammes dans les cylindres, appareil qui lui a permis de pousser très loin l'étude de la combustion et des phénomènes de détonation. Il est, d'ailleurs, l'auteur d'une théorie personnelle sur ces phénomènes de détonation.

La vie automobile, n° 1152 - Décembre 1938

« L'accident qui me prive de mes mains n'empêchera pas la réussite de mes travaux »

nous déclare MAX SERRUYS le savant mutilé par une explosion

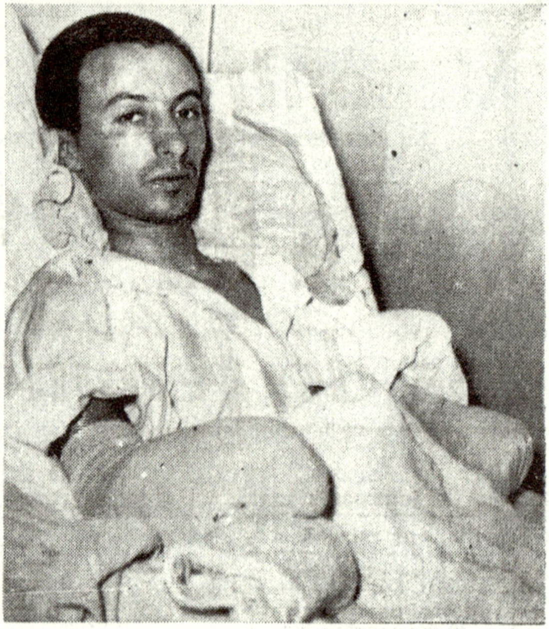

M. Max Serruys sur son lit de souffrances à l'hôpital des Petits-Ménages d'Issy-les-Moulineaux.

L'hôpital des Petits-Ménages, à Issy-les-Moulineaux.

Le 26, à 10 h. 30 du matin, on y amenait M. Max Serruys, ingénieur au Laboratoire de Chalais-Meudon, qui venait d'être victime d'un grave accident : une explosion lui avait arraché les deux mains au cours d'une expérience. A 11 heures, l'opération était terminée; l'un de ses bras, coupé au-dessus du poignet, l'autre presque à hauteur du coude.

— Je ne m'explique pas, nous dit ce matin le savant dans la petite chambre d'isolement de la salle Tisserand que sa mère présente a décorée de fleurs rouges, je ne m'explique pas comment cet accident a pu arriver. Je poursuis depuis déjà de longues années des expériences sur les moteurs à explosion au point de vue de la combustion et de la détonation. Le 26, je me trouvais dans un laboratoire qui n'est d'ailleurs pas le mien et j'assistais à une opération de lancer d'un moteur par un dispositif à air comprimé. Cet appareil a marché mille fois normalement : il ne peut donc s'agir que d'un défaut de fonctionnement — probablement une soupape de sûreté qui s'est ouverte ou fermée — tout à fait fortuit.

M. Serruys est tout jeune : il a 33 ans, il est né à Célay, en Touraine ; il fit Centrale et prépara son doctorat en collaboration avec les services techniques du ministère de l'Air. Ses travaux sur le régime interne des moteurs d'avions ou automobiles sont déjà considérables.

M. Serruys père, ancien directeur des accords commerciaux au ministère du Commerce, entre dans la pièce : son fils, ses deux moignons posés sur le drap, le regarde avec tendresse, puis sourit gentiment à sa mère. Il est émouvant de voir ce grand blessé qui, souffrant, n'a que deux pensées : ses parents et la science !

Pierre-Jean Laspeyres.

Max Serruys chevalier de la Légion d'honneur

Au cours de sa séance de ce matin, le Conseil des ministres a décidé de nommer Max Serruys chevalier de la Légion d'honneur.

Article paru dans Paris-Soir Dimanche, le 30 juillet 1938.

Photo parue dans le Journal de la Société des Ingénieurs de l'Automobile (SIA)
Mai 1937

QUELQUES DISTINCTIONS BIEN ATTRIBUÉES

Nous sommes heureux de renouveler aujourd'hui, dans notre journal S.I.A., toutes les plus sincères félicitations et toute notre reconnaissance aux personnalités, collègues et amis, dont le dévouement à la cause automobile vient d'être consacré par de récentes promotions dans l'ordre de la Légion d'Honneur, déjà applaudies lors de notre dernière réunion plénière et de notre dernier Conseil, lorsque le Président, Monsieur Norroy, a eu la joie de les porter à notre connaissance.

Monsieur Max Serruys
Membre du Conseil de la S.I.A.
Officier de la Légion d'Honneur

Le nom de Max Serruys est lié à tous les travaux de la S.I.A. et à tous les progrès accomplis par la thermodynamique et l'utilisation des carburants dans nos moteurs.

Sa grande compétence est trop connue par tous les ingénieurs de l'automobile pour que nous ne soyons autorisés, de toute notre sympathie, à lui dire que notre reconnaissance unanime s'ajoute à celle que les Pouvoirs publics viennent de lui consacrer.

Ingénieur des Arts et Manufactures, professeur au Conservatoire des Arts et Métiers, ingénieur éminent travaillant en liaison avec les services du C.T.A. et l'Institut français des Pétroles, membre du Conseil S.I.A., le professeur Serruys a toujours permis à nos ingénieurs de transformer dans le concret ses magnifiques recherches. Nous souhaitons ardemment que celles-ci continuent à apporter à notre industrie leur large contribution de progrès.

Au nom des jeunes nous exprimons toute notre gratitude pour les cours auxquels Max Serruys consacre une grande partie de son temps, avec une affabilité dont il ne se départit jamais.

Communication faite à la
Société des Ingénieurs de l'Automobile (SIA)
en mars 1949

Contribution française à l'évolution technique des moteurs alternatifs à combustion interne

Premières machines à explosifs solides

Si on recherche l'origine la plus lointaine des moteurs à combustion interne, on est frappé de constater quelle longue période de temps s'écoule entre la première utilisation des explosifs solides ou gazeux dans les armes à feu et la première tentative d'application de ces mêmes explosifs à un travail utile.

Alors que la poudre noire fait son apparition en Europe, à Crécy, en 1346, ce n'est qu'en 1666 qu'un Hollandais (d'ailleurs pénétré de culture française, membre de notre Académie et pensionné par Colbert), le grand Huygens, propose, dans une note à Colbert[1], la première machine destinée à obtenir un travail utile avec la poudre noire, en 1673 qu'il la décrit[2] et en 1860 que fonctionnera le premier moteur à gaz de Lenoir réalisant les idées brevetées par Lebon en 1801.

Il est aussi curieux de constater par quel détour l'énergie de l'explosif est employée dans la machine de Huygens représentée figure 1. Inspiré sans doute par les travaux et les expériences spectaculaires sur le vide des physiciens de son époque, Huygens laisse les gaz de la combustion s'échapper librement par des manches de cuir formant clapets, et c'est la dépression résultant du refroidissement et de la contraction des gaz brûlés qui lui permettra, en 1680, de soulever plusieurs personnes à

[1] *Lettres, Instructions et Mémoires de Colbert*, Pierre Clement, tome V, pièce 36.

[2] Lettre de Huygens à son frère Lodewijck du 22 septembre 1673.

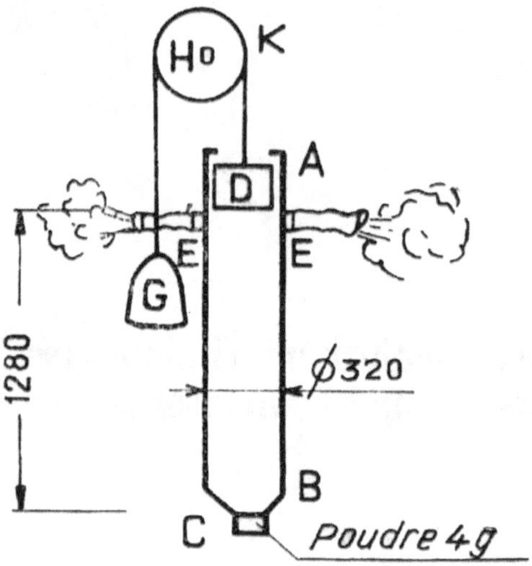

Fig. 1. Machine Huygens (1680).

l'aide de la machine en question[3].

Il est vrai qu'un inventeur français, l'abbé Hautefeuille[4], semble avoir à la même époque compris l'avantage qu'on peut tirer de l'utilisation de la pression des gaz brûlés s'ajoutant à celle de la dépression ultérieurement réalisée.

Si le premier moteur imaginé par Hautefeuille en 1678 se réduisait à un récipient prolongé par un tube plongeant dans l'eau et dans lequel on faisait exploser un peu de poudre[5], le deuxième devait, suivant ses indications, utiliser alternativement la pression due à l'explosion et la succion correspondant au refroidissement des gaz brûlés pour pomper l'eau « à la manière dont le cœur fait circuler le sang ». Cette seconde suggestion n'est, il est vrai, que de 1682 et ne semble pas avoir donné lieu, plus que la première, à la moindre tentative de réalisation[6].

Premières machines à explosifs pulvérulents ou gazeux

La poudre noire (seul explosif connu à l'époque) étant évidemment un combustible très coûteux, et les machines de Huygens et Hautefeuille

[3] Voir divers ouvrages de mathématiques et de physique par les membres de l'Académie des Sciences.

[4] *Pendule perpétuel avec le moyen d'élever l'eau par la poudre à canon*, par l'Abbé Hautefeuille, chapelain de l'église Saint-Aignan, à Orléans (1678), et Lettre à Mme de Bouillon (168?), de Montgery : *Annales Maritimes*, 1823.

[5] Lettre du 4 août 1678 reproduite dans les œuvres diverses de Hautefeuille, citée par Montgery (*Annales Maritimes*. 1823) et Intitulée : *Manière d'élever l'eau par le moyen de la poudre à canon.*

[6] Voir Hautefeuille : *Réflexions sur quelques machines à élever les eaux* (1682) et Tresca : *Annales du Conservatoire Impérial des Arts et Métiers*, 1862, tome II. pages 123-125.

étant très primitives, il ne faut pas s'étonner qu'on se soit rapidement tourné vers d'autres explosifs et plus particulièrement vers les mélanges explosifs gazeux.

Dès 1777, le célèbre savant italien Voila invente en effet un pistolet de verre utilisant un mélange explosif d'air et de gaz des marais, avec allumage électrique, dont s'inspira Isaac de Rivaz en 1807 pour breveter son « canon de Volta ».

Mais, c'est à Lebon, l'inventeur du gaz d'éclairage[7], que revient, comme on sait, l'honneur d'avoir breveté l'utilisation du mélange explosif formé d'air et de gaz d'éclairage et décrit, dans un additif du 25 août 1801, un moteur à gaz à deux temps, sans compression préalable (dont le principe est très analogue à celui du moteur que Lenoir devait construire industriellement en 1800), mais qui ne semble pas avoir fait lui-même l'objet d'une réalisation.

En France tout au moins, il ne semble pas d'ailleurs que rien d'important soit à signaler, du point de vue qui nous intéresse, entre l'invention de Lebon et sa réalisation par Lenoir

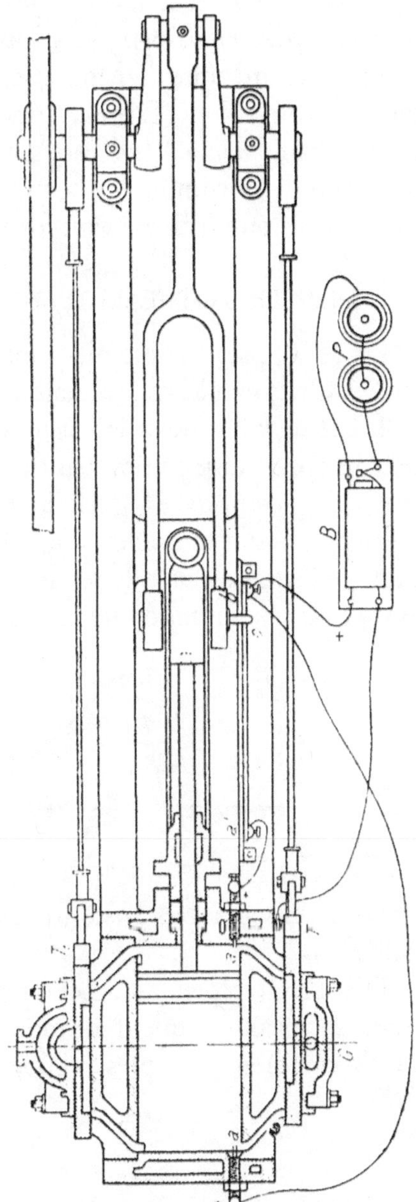

Fig. 2. Premier moteur Lenoir (1860).

[7] Lebon, brevet du 28 septembre 1799.

en 1860, si ce n'est le fait que Jean-Baptiste Biot préconisa dès 1804 l'*allumage par compression* (dont l'application pratique prenait le nom de briquet pneumatique de Mollet) et qui devait jouer un rôle si essentiel dans le futur moteur Diesel, d'une part et l'invention, par Nicéphore Niepce, d'un *moteur à poudre de Lycopode*, breveté le 3 avril 1807, qu'on peut considérer comme le premier moteur à combustion interne et à combustible pulvérulent ayant fonctionné, d'autre part.

Les moteurs à explosion à gaz

En 1860, paraît le premier moteur à gaz industriel, celui de Lenoir (fig. 2). On le sent à la fois remarquablement soigné dans sa réalisation et profondément inspiré de la machine à vapeur, dont il conserve le cycle à deux temps, la distribution par tiroirs, le double effet et les dispositions générales, y compris le régulateur à boules.

Bien qu'il soit muni déjà d'un allumage électrique à haute tension et d'une injection d'eau[8], le rendement de ce premier moteur fut faible, comme on sait, en raison de l'absence de compression préalable du mélange combustible et de la détente incomplète pour le taux d'admission utilisé (qui était de l'ordre de 0,5), et naturellement la pression moyenne est aussi très basse (de l'ordre de 2 kg/cm² à peine) (fig. 2 bis)[9].

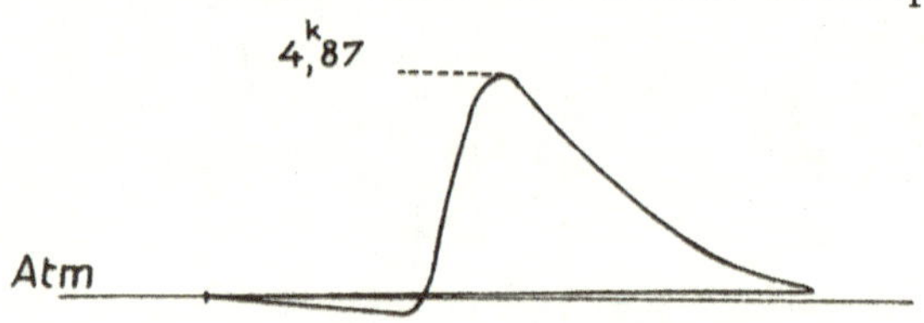

Fig. 2 bis. Diagramme de moteur Lenoir.

Dès 1863, cependant, Lenoir fait circuler de Paris à Joinville la première voiture munie d'un moteur à explosion à gaz (1,5 ch, 100 t/mn. 5 km/h) et peu après (1865) des bateaux à moteur de 2 ch et 6 ch[10].

[8] Brevet Lenoir, n° 43.624, du 24 janvier 1860.

[9] Le moteur Lenoir fut d'abord construit par les Ateliers de Constructions Mécaniques « Fonte et Fer » L'Evêque, 35, rue Rousselet, à Paris. D'une force de 4 CV., il est décrit pages 342-343 d'un article du 26 mai 1860 de *l'Illustration.* Essayé au C.N.A.M. par Tresca, en 1861, il fut peu après amélioré, transformé, perfectionné par Rouart.

[10] Voir Bonneville : *les Locomotives mécaniques*, Dunod, 1935.

Le cycle à quatre temps à compression préalable (Hugon, Degrand et Beau de Rochas)

Tout le monde sait d'ailleurs que c'est Beau de Rochas qui fut le premier à percevoir nettement et à affirmer l'amélioration considérable du rendement que devait apporter la *compression préalable du mélange*, d'une part, celle de l'augmentation de puissance (ou plus exactement de *pression moyenne*) que pouvait apporter le *cycle à quatre temps à admission totale* (par rapport à un cycle à deux temps à admission réduite tel que celui de Lebon-Lenoir), d'autre part.

Ingénieur des chemins de fer, Beau de Rochas avait d'ailleurs été conduit à l'idée du cycle qui porte son nom (et dont les quatre temps caractéristiques se trouvent décrits avec une parfaite précision dans son mémoire de 1862)[11] en cherchant à améliorer le rendement du foyer des machines à vapeur par substitution d'un gazogène au foyer à grille; et c'est pour utiliser sans perte de chaleur une partie de l'énergie du gaz de gazogène (autant que pour réchauffer par sa combustion une des faces du piston à double effet du moteur à vapeur) qu'il imagina de réaliser sur cette autre face le cycle à explosion qui devait porter son nom.

On ne saurait d'ailleurs manquer de signaler, au sujet de Beau de Rochas, que son mémoire prévoit explicitement :

1. - Que le rendement de son cycle augmenterait avec le rapport volumique de compression ;
2. - La limitation de ce rapport par le risque d'inflammation spontanée du mélange combustible sous l'effet de la compression ;
3. - La possibilité d'utiliser l'inflammation par compression pour le fonctionnement normal.

Si considérable, cependant, et si célèbre que soit la contribution de Beau de Rochas à l'évolution des moteurs à combustion interne, elle n'est pas, comme on le croit généralement, tout à fait sans précédent.

---

[11] Beau de Rochas : *Nouvelles recherches sur les conditions pratiques de la plus grande utilisation de la chaleur et en général de la force motrice.*
Bibliothèque Nationale et *fac-similé* à la Bibliothèque du C.N.A.M., et brevets du 16 janvier 1862 ou certificats d'additions du 10 juin 1862.

Quatre ans auparavant, en 1858[12], Degrand mentionne pour la première fois la compression préalable, et Hugon dépose un brevet [13] pour une machine devant utiliser à la fois la force d'expansion résultant de la combustion de l'hydrogène ou du gaz d'éclairage et la dépression résultant de la, condensation des produits de ladite combustion[14] qui ne devait consommer que 1.500 litres de gaz au ch/h aux essais[15], mais qui fut bientôt abandonnée par l'inventeur pour être remplacée par le moteur représenté figure 3.

On sait que c'est seulement en 1876, quatorze ans après le mémoire de Beau de Rochas et dix-huit ans après le brevet Hugon, qu'Otto devait réaliser pratiquement le premier moteur à explosion fonctionnant suivant le cycle de Beau de Rochas et que le succès de ce nouveau type de moteurs devait être si grand que constructeurs et inventeurs allaient s'acharner à trouver des solutions qui les exonèrent de lourdes redevances. (Ainsi naquirent, avec Dugald Glerk, en Angleterre, le premier moteur à deux temps à compression préalable (1879) à pompe auxiliaire de mélange combustible et, en 1883, le moteur Benz à pompes de gaz, et d'air séparées.)

Mais ce sont encore deux Français, de Bischop et F. Forest, qui, vers la même époque (en 1878 et 1881 respectivement), créent les deux premiers moteurs à refroidissement par air, le second représenté figure 4.

---

[12] Brevet de quinze ans n° 36.801 du 1er juin 1858.

[13] Brevet du 11 septembre 1858 intitulé : « Machines utilisant la force explosible et le vide résultant de la combinaison de l'hydrogène pur ou des différents gaz d'éclairage. »

[14] Voir Figuier : *l'Année Scientifique*, tome 8, p. 489.

[15] Hugon devait aussi réaliser, vers 1861, un moteur à deux temps double effet alimenté par un mélange air-gaz d'éclairage à l'aide d'un tiroir et de soufflets, comportant un allumage par tiroirs portant des brûleurs mobiles s'allumant au contact de brûleurs fixes, un échappement par tiroir, un refroidissement interne par injection d'eau et un refroidissement externe par enveloppe d'eau. Ce moteur, qui fonctionnait cette fois d'une manière satisfaisante, fit l'objet d'une conférence en Sorbonne de Haton de la Goupillière publiée dans la *Revue des Cours Scientifiques de la France et de l'Étranger*, n° 65, du 18 mai 1867, qui mentionne une consommation de gaz de 2 mètres cubes à 2 mètres cubes et demi par ch/h, confirmée par Witz qui indique exactement 2 m^3 445, d'après un essai de Tresca, et signale que six moteurs Hugon étaient exposés en fonctionnement à l'Exposition de 1867.
Ce moteur, dont un exemplaire est exposé au Musée du C.N.A.M., ne comportait plus toutefois ni compression préalable, ni dépression par condensation. Il antériorise donc dans son principe, le moteur de Lenoir, tout en restant, semble-t-il, postérieur dans sa réalisation.
Voir aussi F. Forest, *les Bateaux automobiles*, Dunod, 1906, pages 9 et 10.

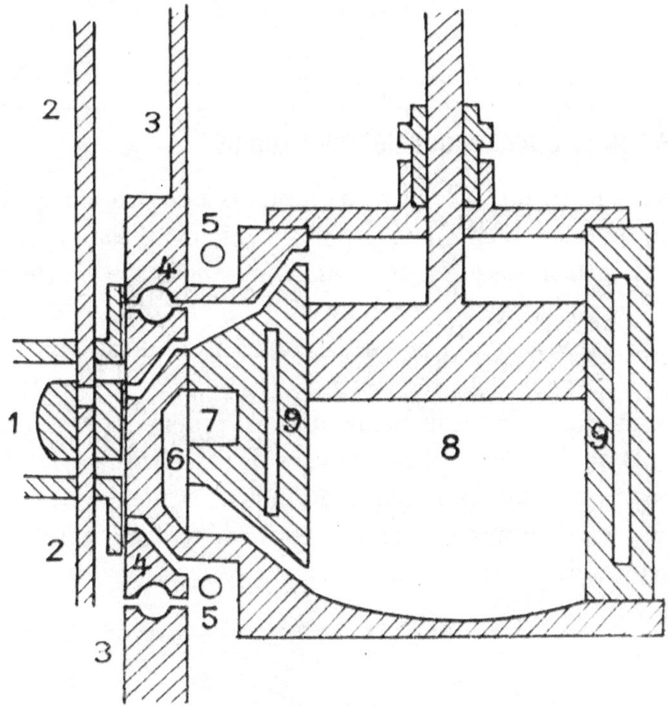

Fig. 3. Moteur Hugon de 1858.

1 : Tube mélangeur ; 2 : Tube distributeur ; 3 : Tiroir porte-feu ; 4 : Becs de gaz rallumeurs mobiles avec tiroir D ; 5 : Becs de gaz rallumeurs fixes ; 6 : Conduit de vidange mobile ; 7 : Cheminée de vidange ; 8 : Piston moteur ; 9 : Circulation d'eau.

Fig. 4. Moteur Forest à deux temps 1881.

Le balayage aérodynamique des deux temps

Il est à remarquer que les nouveaux moteurs à deux temps de Glerk, de Ravel ou de Benz, bien que comportant une compression préalable du mélange, *n'avaient pas une puissance spécifique meilleure que les moteurs à quatre temps* et étaient au contraire *bien inférieurs à ces derniers du point de vue du rendement.* Ceci résultait du mauvais dessin des ajutages assurant le « balayage » dans ces moteurs.

Ce fut le mérite du Français Bénier d'avoir le premier pensé à réaliser un balayage d'une efficacité plus grande et de l'avoir réalisé. Les figures 5 et 5 bis représentent deux variantes du moteur Bénier, dont les essais, par d'Aimé Witz, démontrèrent la supériorité de rendement sur tous les autres moteurs à deux temps antérieurement conçus.

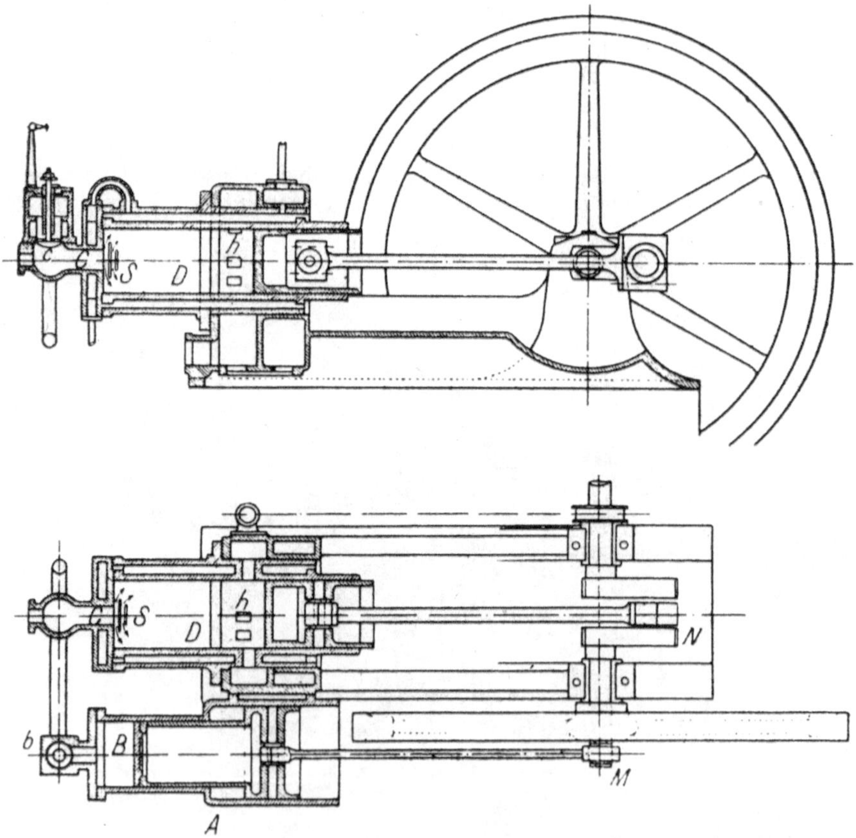

Fig. 5. Premier moteur Bénier.

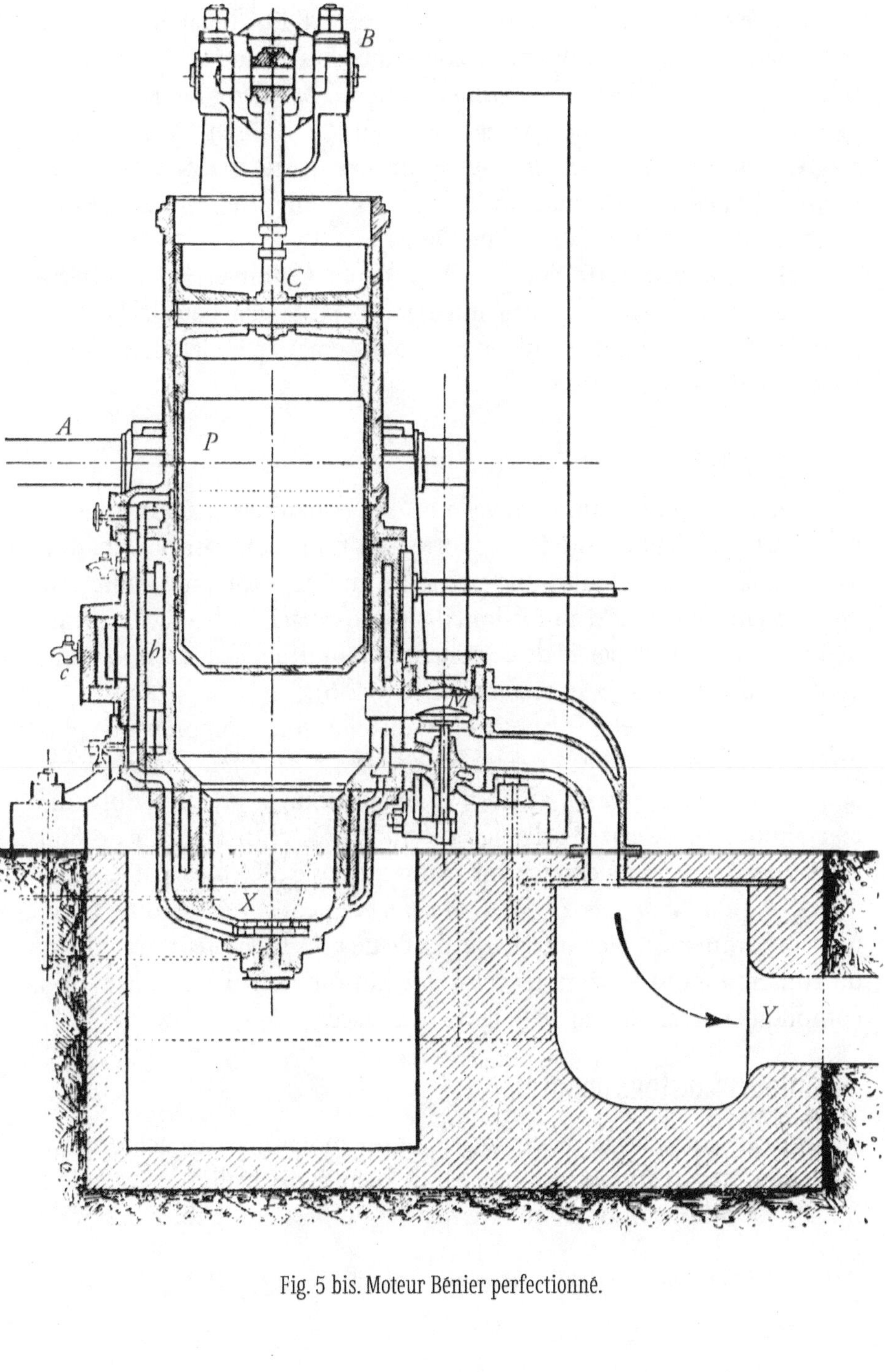

Fig. 5 bis. Moteur Bénier perfectionné.

Amélioration au moteur à combustion et premier moteur marin

Vers le même moment, c'est-à-dire en 1880, Tessié du Motay (reprenant une idée de Brayton) construit chez Beaudot et Ardol, de Lille, un moteur à *gaz à combustion* alimenté par deux réservoirs sous pression séparés (pour le gaz et pour l'air) et réalisent, *par mélange progressif du combustible et du comburant, une* COMBUSTION ISOBARE *au début de la détente* (très analogue à celle qui devait être réalisée quelque vingt ans plus tard sur les moteurs Diesel).

C'est aussi vers cette époque (1882) que Lenoir et Rouart frères construisent le premier bateau mû par un moteur à pétrole (à deux cylindres à quatre temps, à culasse à refroidissement par air), décrit dans la Nature du 30 novembre 1887[16].

Le « remisage »

De toute manière, une nouvelle et très remarquable augmentation de rendement allait encore être apportée par notre compatriote Charon, lequel imagina de refouler une partie du mélange tonnant aspiré lors d'une première course d'admission, dans une capacité refroidie en forme de serpentin, l'autre partie de ce mélange étant utilisée au cycle suivant, après avoir été réaspirée et recomprimée (fig. 6).

Réalisant par celte disposition nouvelle une compression plus proche de l'isotherme et un *rapport de détente deux fois plus élevé que dans un moteur ordinaire*, Charon obtenait pour la première fois une consommation de gaz d'éclairage de 500 litres ch/h (au lieu de 800 litres pour le moteur à détente subatmosphérique d'Otto et Langen), ce qui correspond *à près de 25 % de rendement* et constitue de toute façon une consommation bien inférieure à celle de tous les moteurs antérieurs ou contemporains (y compris celui d'Atkinson, dont l'embiellage trop compliqué rendait la longue détente inefficace).

Moteurs à pistons opposés

Dans le domaine de la cinématique du moteur, c'est encore notre compatriote Fernand Forest qui paraît bien avoir réalisé les premiers moteurs à pistons opposés entièrement équilibrés et à faibles pertes de

[16] Voir aussi F. Forest, *les Bateaux automobiles*, Dunod. 1906, pages 21-23.

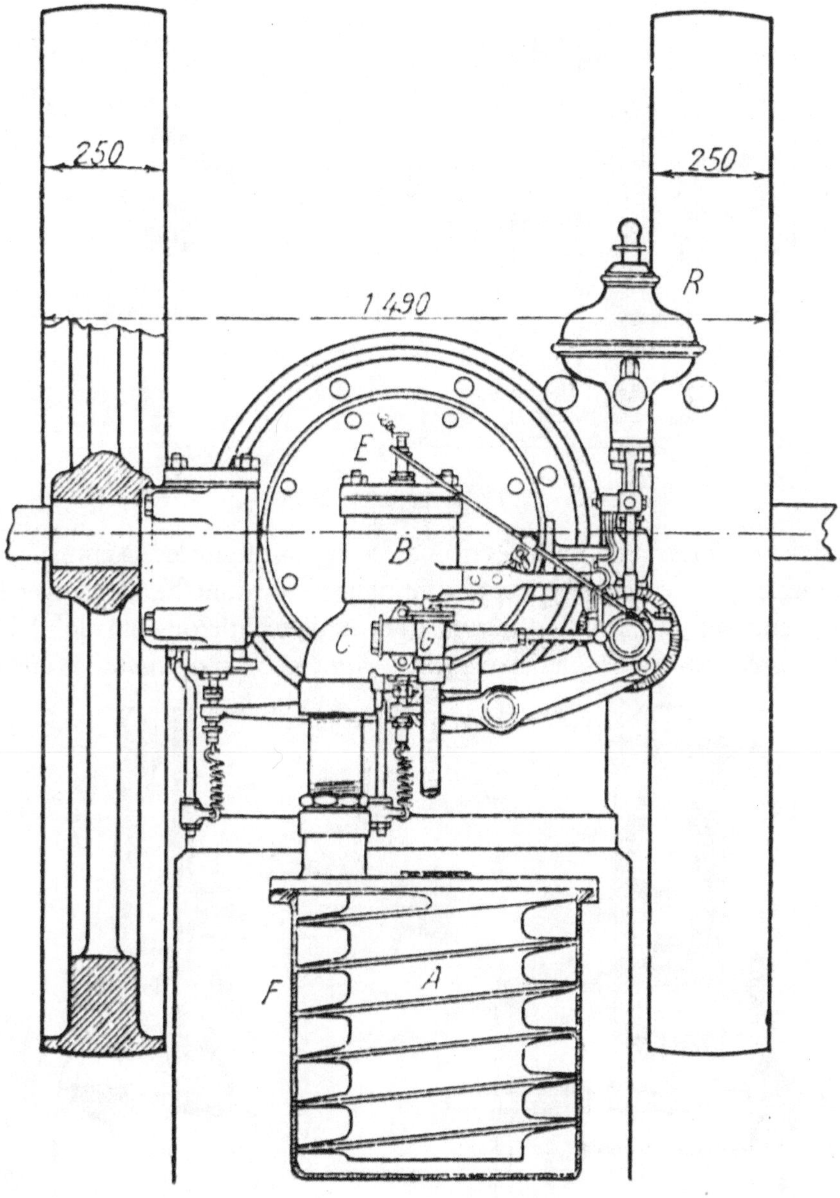

Fig. 6. Moteur Charon.

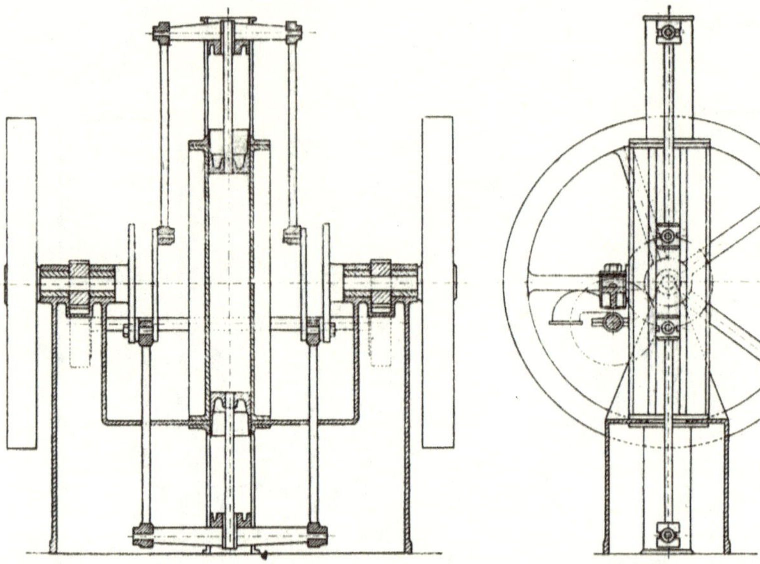

Fig. 7 a. Moteur Forest (1885).

chaleur par les parois, avec les trois dispositions originales : à embiellage double externe de 1885, représenté figure 7 *a* (dont devait dériver le moteur Sautter-Harlé de Bochet, dont nous reparlerons plus loin) ; *à un piston commandé directement et un contre-piston commandé par bielles*

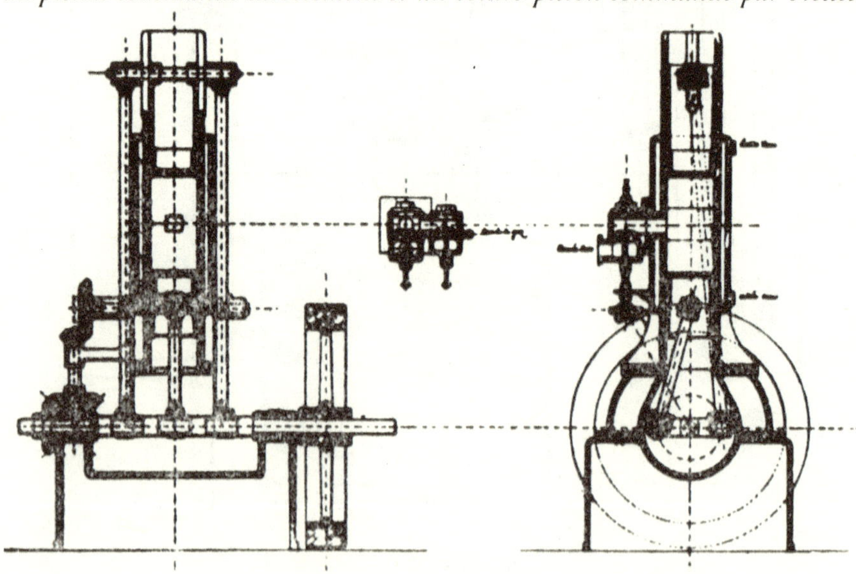

Fig. 7 b. Moteur Forest (1886).

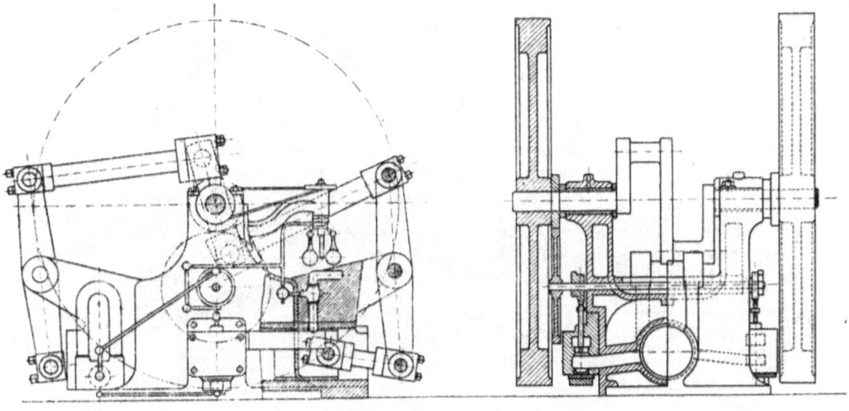

Fig. 7 c. Moteur Forest (1887).

externes, de 1886, représenté figure 7 *b* (qui réalise en quatre temps une disposition analogue à celle des moteurs Junkers à deux temps et simple vilebrequin dont de très nombreux exemplaires ont été construits depuis une vingtaine d'années) ; à vilebrequin unique à deux coudes, disposition symétrique et commande des pistons par balanciers, de 1887, représenté fig. 7 *c* (dont le moteur italien Gappa, Diesel de 1935, reproduit sensiblement la disposition cinématique appliquée à un cycle à deux temps).

Théorie des moteurs

Vers la même époque, c'est-à-dire en 1886, paraissait d'ailleurs la première édition du *Traité d'Aimé Witz* qui, jetant une lumière nouvelle sur la théorie des moteurs à combustion interne, allait en accélérer considérablement le développement.

Quatre temps double effet, détente prolongée et admission variable

Effectivement, c'est encore un de nos compatriotes, Letombe, qui perfectionne le moteur à explosion à gaz à quatre temps en lui appliquant simultanément le double effet, la détente prolongée et l'admission variable (1893) (fig. 8)[17].

[17] On verra plus loin que l'admission réduite par rapport à la détente avait même déjà été réalisée par Fernand Forest, dès 1891, sur des moteurs à essence pour bateaux.

Fig. 8. Moteur Letombe à double effet.

Réglage par surcompression, tandem suralimentation, balayage

Cette dernière fut perfectionnée par lui pour aboutir, en 1897, au réglage par « *surcompression* », par lequel *la course effective de compression se trouvait modifiée en même temps que la richesse et en fonction de la charge* (comme représenté fig. 8 bis), de manière à obtenir le maximum de rendement.

Le principe de cette solution fut appliqué dans la suite pendant de longues années sur les gros moteurs à gaz de hauts fourneaux dont Letombe devait être un des principaux constructeurs et auxquels il devait donner leur forme quasi définitive avec : la disposition à « DOUBLE EFFET TANDEM » introduite par lui peu après 1900, la suralimentation et le balayage (fig. 9).

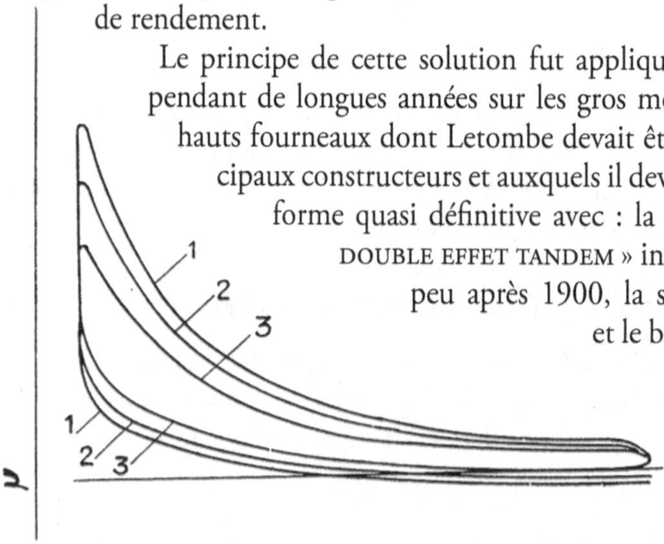

Fig. 8 bis. Diagramme de moteur Letombe.

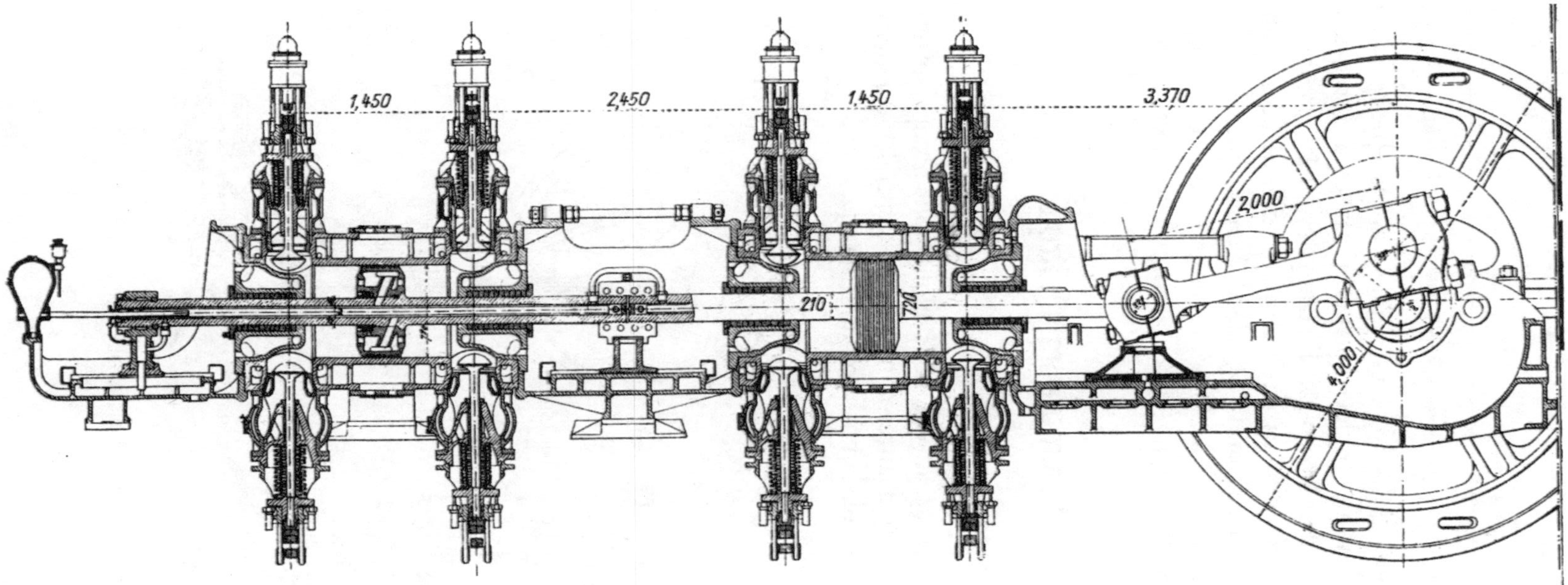

Fig. 9. Moteur Letombe à double effet tandem.

Le gaz pauvre

Avec Letombe, effectivement, nous avons presque terminé l'historique de l'évolution des moteurs à gaz et à gaz pauvres, la substitution de ces derniers au gaz d'éclairage ayant été, comme on sait, réalisée en application d'inventions françaises : celle de Léonce Thomas, ingénieur E.C.P., qui, comme l'a signalé M. Véron, a préconisé dès 1847 l'alimentation des moteurs à explosion par un gazogène soufflé, et celle de Lencauchez, en 1876, qui réalisa pour la première fois l'alimentation par gazogène aspiré.

Les moteurs à pétrole

Les premiers moteurs à essence

Revenant un peu en arrière, nous allons nous occuper maintenant des moteurs utilisant d'autres combustibles généralement dérivés du pétrole : essence, pétrole lampant ou huile lourde.

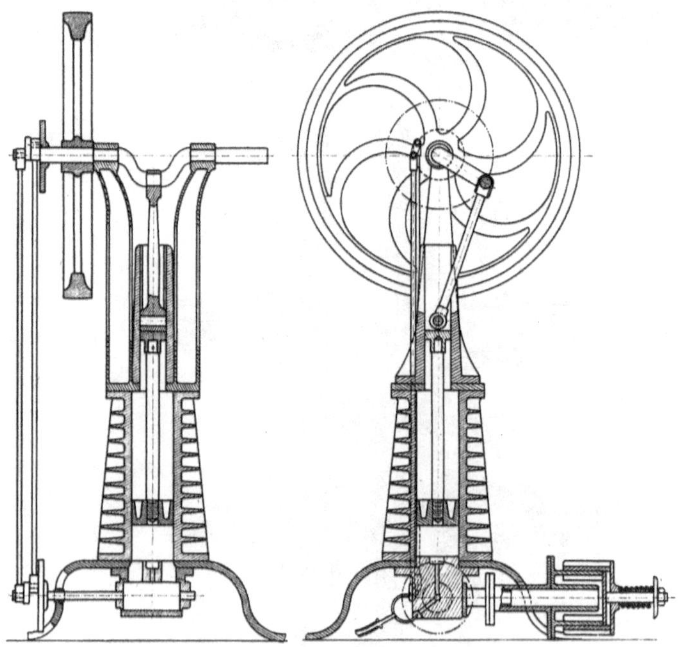

Fig. 10. Monocylindre Forest (1880).

Nous avons vu que Lenoir avait en fait prévu et réalisé l'utilisation de ces combustibles dès 1800 ; néanmoins, il semble qu'on ne puisse négliger de signaler le moteur mono cylindre à deux temps à compression préalable destiné à fonctionner au pétrole et construit par Fernand Forest dès 1880 — qui est conservé au Musée du Conservatoire national des Arts et Métiers sous le numéro 14.125 — *qui semble antérioriser par conséquent de* CINQ ANS *le moteur de Daimler à précompression dans le carter* (fig. 10).

En outre, dès 1881, Edouard Delamarre-Debouteville a réalisé un premier tricycle muni d'un moteur alimenté en gaz sous pression, auquel il substitue en 1883 l'essence de pétrole gazéifiée dans un carburateur à léchage et à mèches et breveté et réalisé en 1884 une voiture à quatre roues munie d'un moteur de 8 ch à deux cylindres à carburateur (brevets du 12 février 1884, n°s 160.267 et 160.278, et additions des 17 novembre 1881 et 10 février 1885).

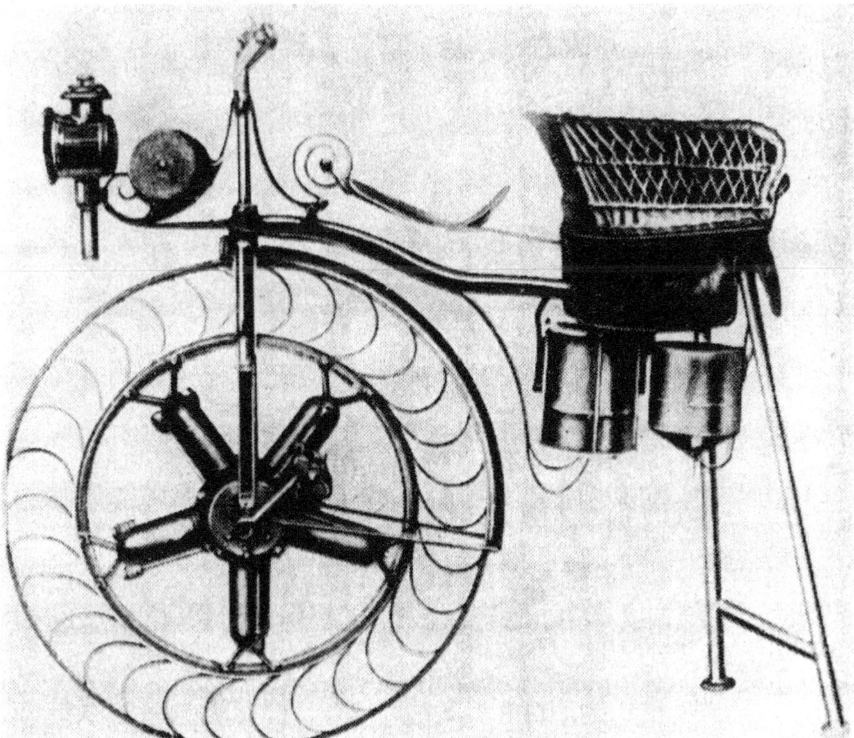

Fig. 11. Moteur Millet (1887).

De toute manière, on trouve, toujours au Conservatoire national des Arts et Métiers, un tricycle de Millet muni d'un moteur (fig. 11) à *cinq cylindres en étoile* datant de 1887, à *allumage par bougies* et *vilebrequin fixe*, muni d'une *distribution par tiroir tournant*, qui ne pouvait évidemment être alimenté qu'à l'essence et qui constitue très probablement le *premier moteur rotatif à vilebrequin fixe.*

En 1888 et 1889, c'est encore Fernand Forest qui perfectionne le *carburateur à léchage* en faisant tourner une brosse hélicoïdale dans un tube où un niveau constant d'essence est maintenu automatiquement.

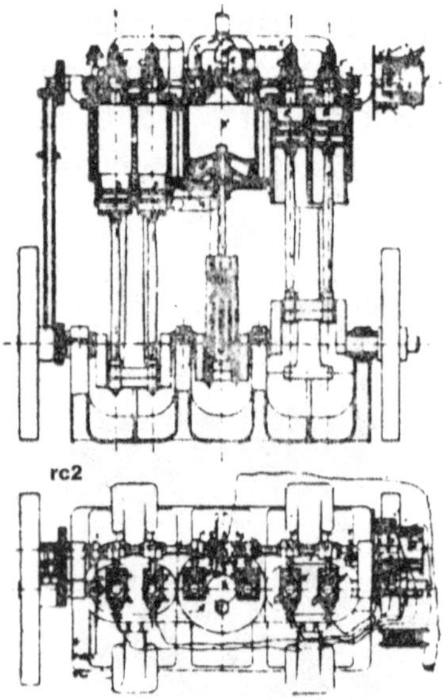

Fig. 12 a
Moteur compound Forest (1888).

Fig. 12 b
Premier quatre cylindres Forest (1889).

Le *premier moteur à explosion compound* à pétrole, à cinq cylindres (deux groupes de deux cylindres à quatre temps encadrant un cylindre à deux temps double effet), représenté figure 12 *a* (qui devait être monté sur le yacht *Jolie-Brise*), puis le premier moteur à quatre temps à quatre cylindres en ligne (non équilibré), à explosion et à essence, avec bloc-cylindres, culasse rapportée et allumage électrique, monté sur le yacht *Ellen* et représenté figure 12 *b*, enfin le premier six cylindres en ligne (non équilibré) à quatre temps et à essence, représenté figure 12 *c* et livré à la marine militaire.

Fig. 12 c. Premier six cylindres Forest (1889).

En 1888 et 1889 également apparaissent les premiers moteurs en étoile, tous conçus par des Français :

- **en 1888**, le 32 cylindres d'aviation de F. Forest, représenté figure 12 *d*, qui innove déjà la formule sur laquelle reposent les moteurs d'aviation modernes les plus puissants : *le groupement en étoile de plusieurs lignes de cylindres* ;
- **en 1889** : les moteurs en étoile à vilebrequin fixe et à cylindres fixes du comte de Dion (brevets nos 200.782 du 14 septembre et 200.792 du 16 septembre), qui furent réalisés chez M. Delalande, à Saint-Maur et devaient servir de base pour la construction ultérieure des monocylindres à refroidissement par air qui allaient devenir célèbres en automobile, et dont les figures 12 *e* et 12 *f* reproduisent les dispositions essentielles ; le moteur à trois cylindres d'aviation rotatif à quatre temps, à refroidissement par air et hélice à pas variable inversable, d'Amédée Bollée fils, dont les essais furent malheureusement désastreux ; enfin le moteur

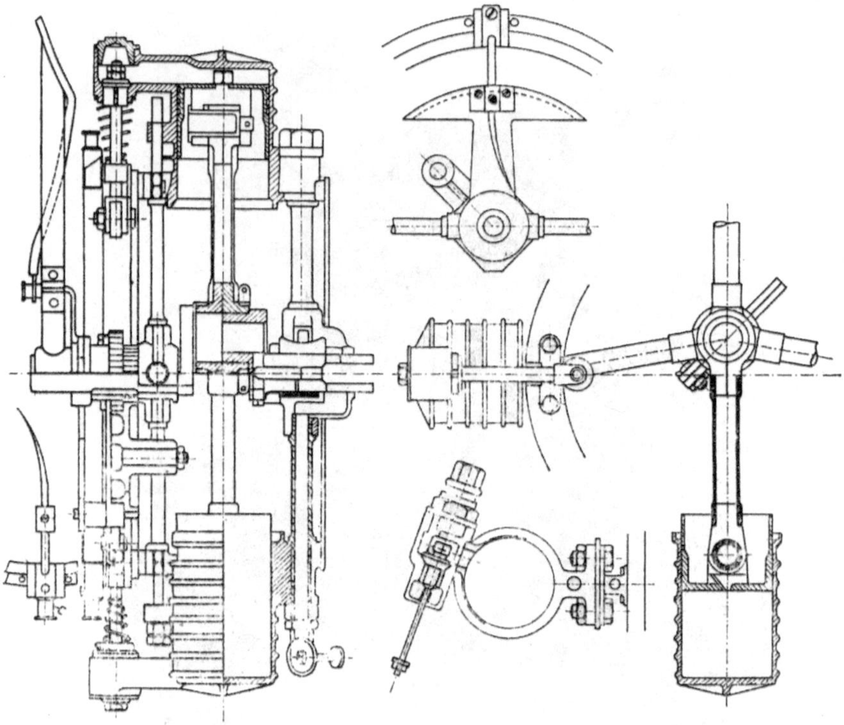

Fig. 12 e. Moteur de Dion rotatif (1889).

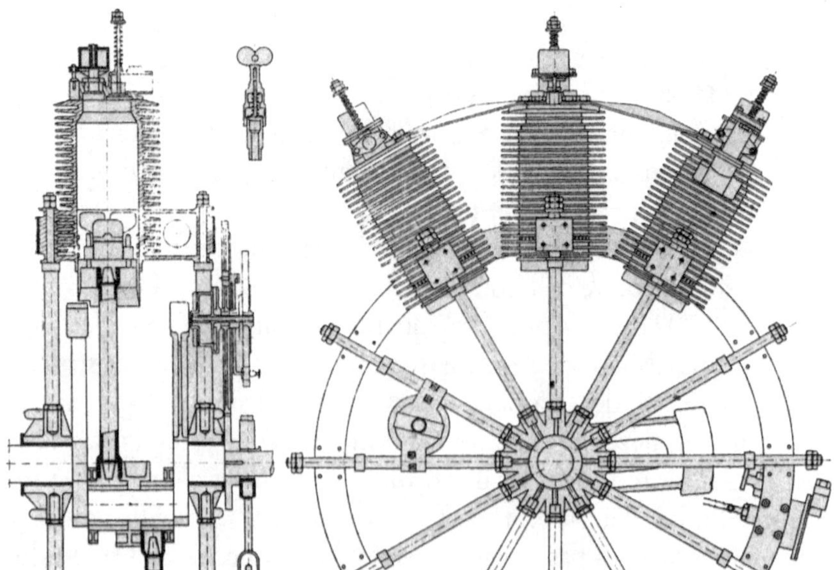

Fig. 12 f. Moteur de Dion en étoile fixe (1889).

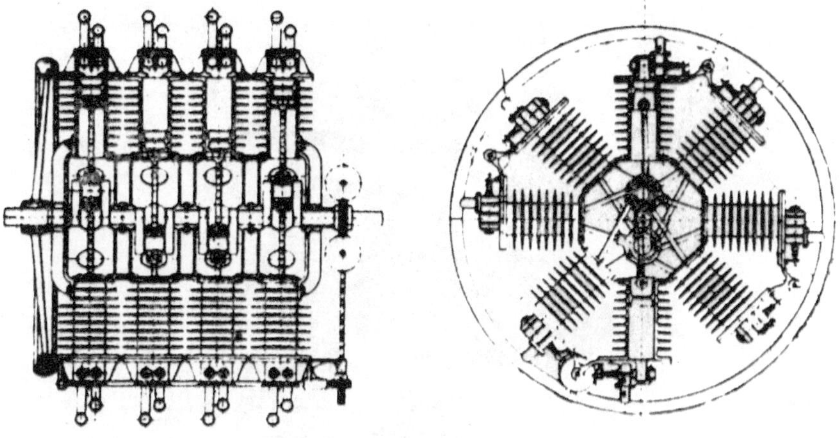

Fig. 12 d. 32 cylindres d'aviation Forest (1888).

à trois cylindres en étoile de Lalbin (de Nantes), développant 5 ch à 400 tours et pouvant atteindre 700 t/mn, essayé le 27 septembre 1889 (poids : 200 kg).

En 1889 également, F. Forest sort son premier moteur à quatre cylindres quatre temps en ligne, à soupapes d'admission commandées (comme les

Fig. 12 g. Forest 1897.
A fonctionné pendant 10 ans sur le canot Moucheron.

Fig. 13. Moteur Capitaine (1891).

Fig. 14. Moteur Dona Banki (1894).

soupapes d'échappement), avec *tubulure d'admission commune aux quatre cylindres et retard à la fermeture d'admission* (améliorant le rapport entre la course de détente et la course de compression) qui constitue un premier pas dans la voie de l'*admission réduite.* Celle-ci le conduira, en 1891, à réaliser le *premier moteur à durée d'admission variable par fermeture retardée de la soupape d'admission* (obtenue par coulissement de l'arbre à cames), moteur représenté fig. 12 *g*, conservé au Musée du C.N.A.M. sous le n° 14.204, remarquable, en outre, par le carburateur commun aux quatre cylindres et les chemises d'eau en cuivre, et qui a fonctionné pendant dix ans sur le canot *Moucheron.*

Premier moteur à huile lourde et premier moteur à haute compression

Pendant que Lenoir, Fernand Forest, Millet et de Dion créent les types les plus caractéristiques de moteurs à essence, d'autres inventeurs français songent d'ailleurs à rendre utilisables les produits plus lourds du pétrole.

En 1891, Capitaine (fig. 13) construit un moteur muni d'une sorte de « préchambre » ou de « tête chaude » portant quelques ailettes seulement et dans laquelle *l'huile lourde se gazéifie* d'abord, puis s'enflamme *lorsque la compression y a refoulé une quantité d'air* suffisante.

En 1894, Dona Banki pense pour la première fois à profiter de l'injection d'eau (déjà employée par Hugon et Lenoir) pour *réaliser une très forte compression* dans un moteur à explosion à gaz et obtient effectivement des consommations spécifiques inférieures à 205 gr ch/h (contrôlées au C.N.A.M.) (fig. 14).

Premiers moteurs à essence rapides

La même année, De Dion-Bouton sort son premier monocylindre à essence à carburateur et à refroidissement par air (de 50 mm d'alésage et de 70 mm de course), développant 1/2 ch, pesant 18 kg et pouvant atteindre 3.000 t/mn (fig. 15), qui devait donner lieu à toute une série de modèles de plus en plus puissants et de plus en plus légers (mais toujours monocylindriques) (fig. 15 bis), dont le *dernier type à refroidissement par air*, réalisé en février 1900, donnait 2 ch 3/4 (avec 74 mm d'alésage et 76 mm de course), pour un poids de 25 kg (voir Bonneville : *Locomotions mécaniques*, p. 197- 198).

Fig. 15. Premier monocylindre de Dion (1894).

De 1895 à 1900, outre les moteurs De Dion monocylindrique à refroidissement par air, culasse détachable, allumage électrique et carter fermé en alliage léger en question, toute une floraison de moteurs à essence naît en France du besoin de réaliser des moteurs légers pour l'automobile ou l'aviation, parmi lesquels on ne saurait manquer de citer :

- **en 1895**, le premier moteur à deux cylindres opposés en flat-twin de De Dion-Bouton (fig. 16) (brevet 248.995 du 18 juillet 1895), et le premier dispositif d'allumage électrique haute tension à rupture commandée par came (brevet De Dion 250.259 du 13 septembre 1895) ;
- un **Delahaye** deux cylindres horizontal, 5 ch à 450 t/mn, à refroidissement par eau, de construction entièrement française ;
- **en 1896**, les moteurs d'Hurtu et de Rochet-Schneider et les moteurs horizontaux de Peugeot : 4 ch 94/146 à 750 tours et 6 ch 98/146 à 750 tours ;
- **en 1897**, ceux de Chenard et Walker et de Berliet à refroidissement par air ;
- **en février 1998**, le premier moteur à quatre cylindres en ligne à

vilebrequin symétrique équilibré par rapport à un plan médian perpendiculaire à l'axe du vilebrequin : le 10 ch M4E de Panhard (remplaçant le 8 ch M4E non équilibré de 1895).

Idées et réalisations originales diverses de la période de 1894 à 1900

Dans cette période, où les esprits sont surchauffés par les premiers succès dans l'application des moteurs à explosion aux bateaux et aux automobiles et où l'on songe même déjà à leur application à l'aviation, ce sont encore des inventeurs français qui semblent avoir eu la priorité des idées et réalisations suivantes :

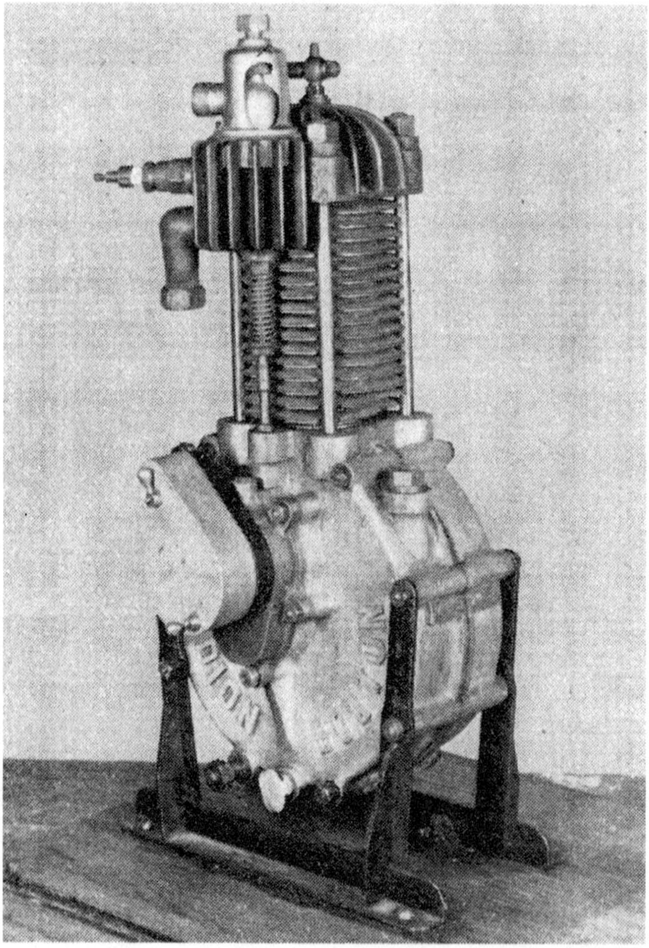

Fig. 15 bis. Monocylindre de Dion (1898).

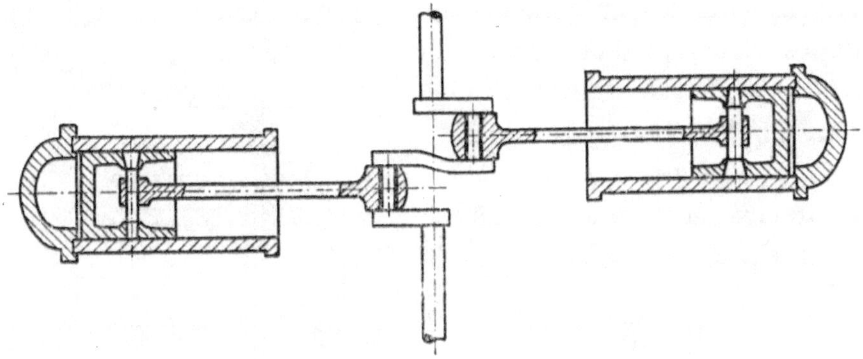

Fig. 16. Premier flat-twin de Dion (1895).

En 1894, Amédée Bollée fils prend un brevet (en date du 28 décembre) pour une turbine à essence.

En 1895, Fernand Forest dessine un moteur à 24 cylindres en X de 500 ch pour sous-marins, représenté figure 17, et simultanément un 18 cylindres en Y.

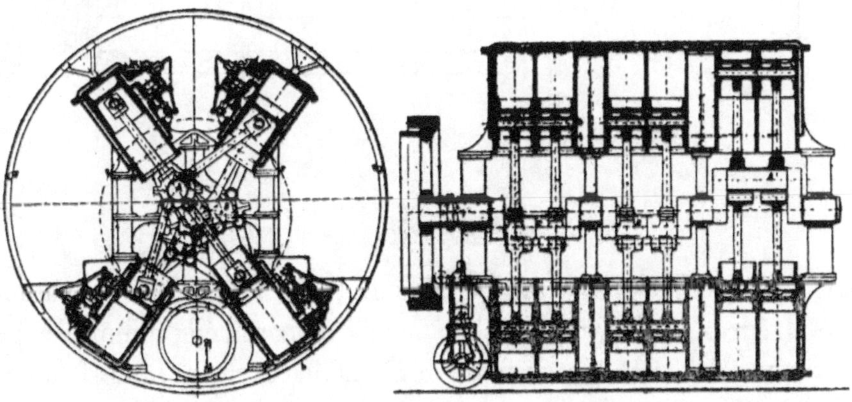

Fig. 17. Moteur 24 cylindres en X Forest (1895).

Le 17 avril de la même année, Amédée Bollée fils prend un brevet pour un moteur à deux temps à « ventilateur de chargement », qui paraît bien constituer la première idée d'un moteur à deux temps suralimenté.

Par brevet du 27 janvier 1896 et additif du 22 juin, Amédée Bollée fils protège son nouveau moteur d'automobile à deux cylindres quatre temps 6 ch, remarquable par son dispositif de refroidissement par vaporisation, d'eau et condensation de la vapeur, la forme hémisphérique des chambres de combustion et surtout par son carburateur à gicleur disposé en dessous du niveau constant, représenté figure 18.

En 1898, Paul Daniel prend sous le n° 980.919, en date du 29 août, un brevet de moteur rotatif à refroidissement par air destiné à l'aviation, d'une conception assez analogue à celle des moteurs De Dion de 1889, mais dont la réalisation devait être beaucoup plus réussie et qu'on peut considérer comme l'étape intermédiaire entre la conception de De Dion et celle de Louis-Laurent Seguin dont nous allons parler un peu plus loin.

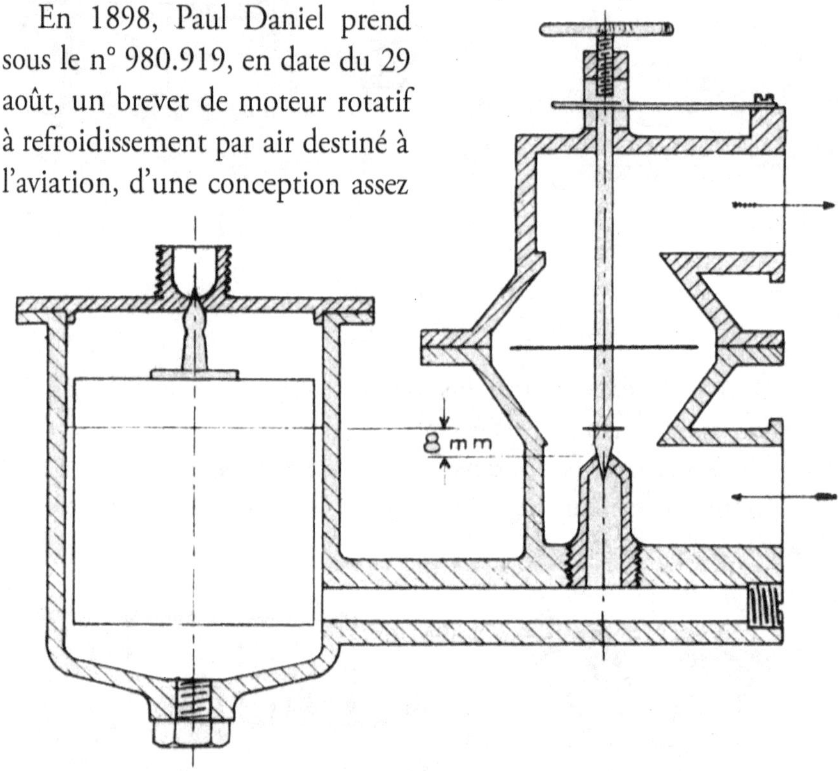

Fig. 18. Carburateur Amédée Bollée fils (1896).

Perfectionnement mécanique des moteurs à essence de 1900 à 1914

De 1900 à 1914, l'évolution des moteurs à essence d'automobile et d'aviation se poursuit, comme on sait, en France surtout, sur un rythme de plus en plus rapide, avec des perfectionnements d'ordre plutôt mécanique d'ailleurs que thermodynamique, et parmi lesquels les plus intéressants à signaler sont, semble-t-il :

a. Pour l'automobile. — Le développement des carburateurs a pulvérisation comportant des dispositifs tendant à rendre la richesse constante, comme le carburateur Longuemarre (vers 1899), remarquable par son dispositif de pulvérisation du combustible et par son système de boisseaux agissant simultanément en amont et en aval du gicleur, représenté figure 19, et le carburateur Krebs, construit par Panhard, à écoulement de l'air perpendiculaire à la direction du

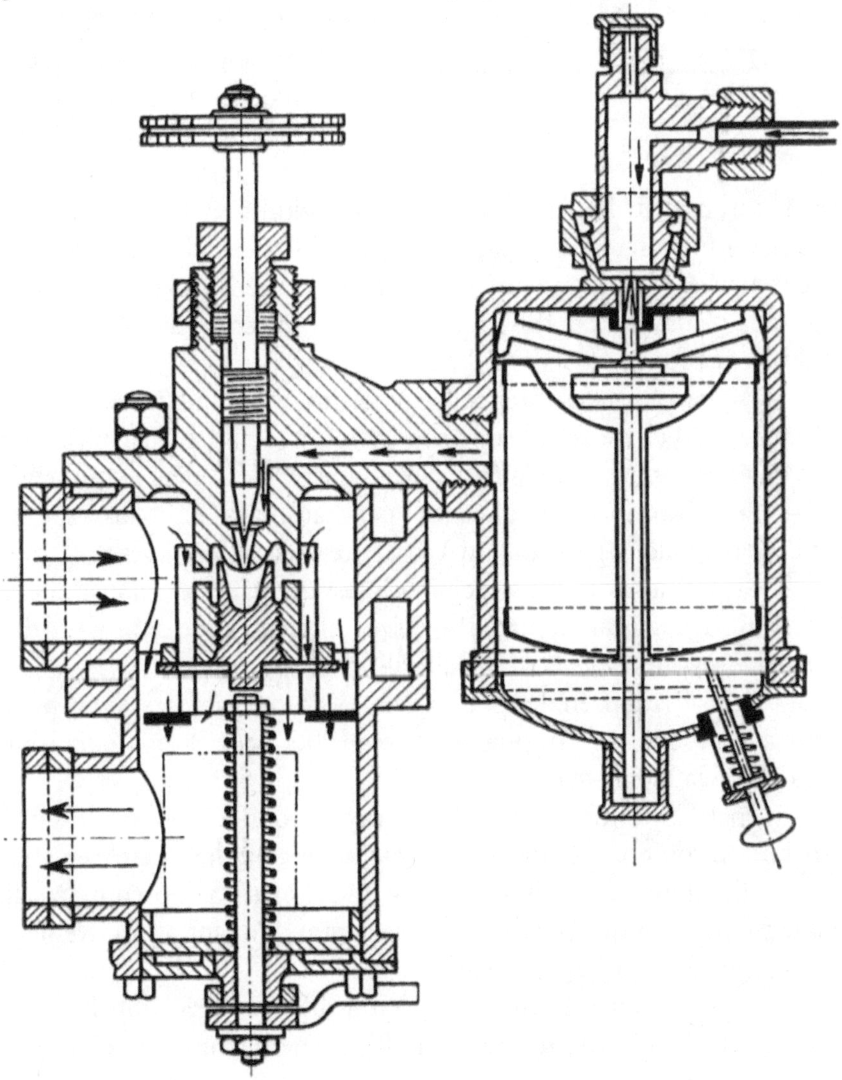

Fig. 19. Carburateur Longuemarre (1899).

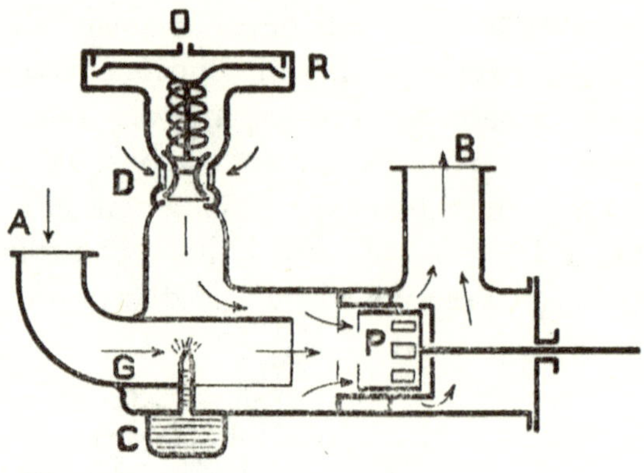

Fig. 20. Carburateur Krebs.

gicleur et à soupape d'air additionnel à commande pneumatique, représenté figure 20.

— l'apparition ultérieure des carburateurs dits « automatiques », donnant une richesse de mélange sensiblement indépendante du débit de gaz et dont les types les plus caractéristiques sont le carburateur Renault à soupape d'air additionnel, le carburateur Zénith à compensateur créé par Baverey en 1905, le carburateur Solex à gicleur noyé et le carburateur Claudel à mise en dérivation du gicleur ;

— la réalisation en 1903 d'un moteur à injection d'essence Ader-Levavasseur ;

— l'apparition des premiers six cylindres en ligne de grande puissance (120 ch de Paul Daniel, en 1901-1902, 40 ch Renault), avec leurs qualités connues de régularité de couple et d'excellent équilibrage;

— la substitution au graissage par barbotage du graissage par circulation appliqué par Panhard à ses moteurs sans soupapes ;

— l'invention du graissage sous pression par De Dion-Bouton (brevet n° 319.524 du 12 mars 1902), et l'application de ce procédé dès 1903 sur les voitures Delaunay-Belleville ;

— la réalisation en 1905 d'un moteur huit cylindres en V pour canot automobile par Antoinette et, en 1906, celle de moteurs seize cylindres de la même marque ;

— en 1905 un brevet n° 358.691 décrit pour la première fois une distribution comportant une seule soupape par cylindre montée en série avec un distributeur coulissant et une addition n° 5.466 complète la même soupape unique par deux clapets communiquant respectivement avec l'admission et l'échappement ;

— l'application à l'automobile, en 1908, par De Dion-Bouton, d'un moteur à huit cylindres en V à 90°, déjà étonnamment classique, avec un arbre à cames unique pour les deux groupes de cylindres (représenté fig. 21) ;

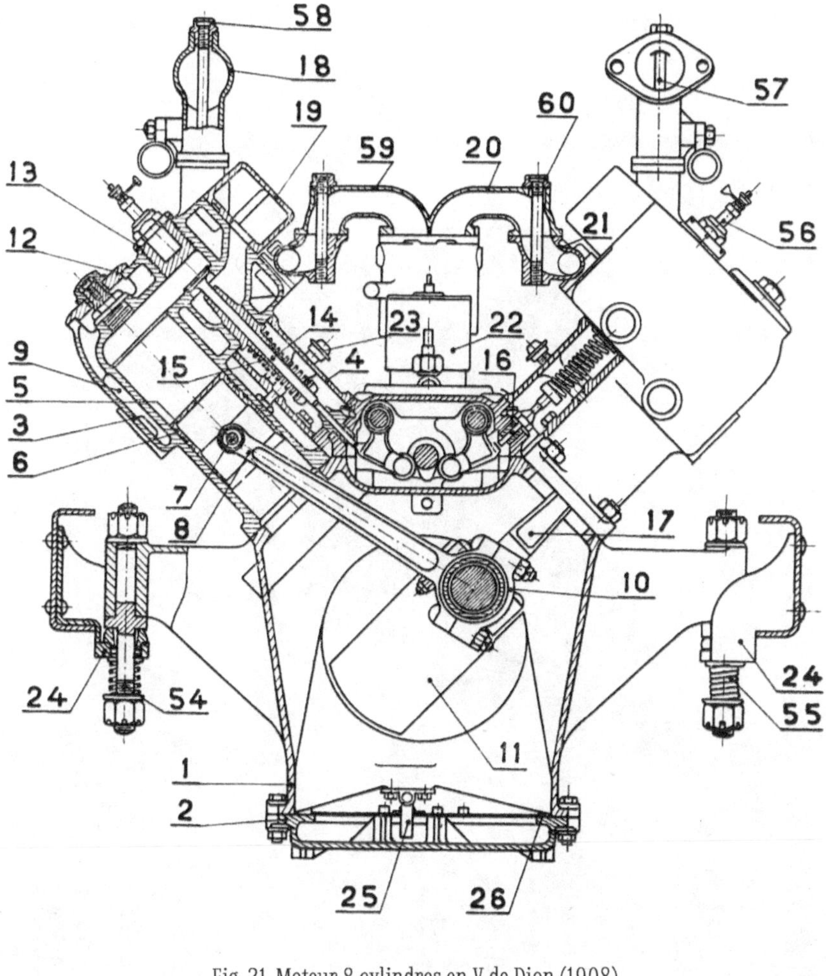

Fig. 21. Moteur 8 cylindres en V de Dion (1908).

— la substitution aux pistons de fonte utilisés jusqu'alors de pistons en alliage d'aluminium, réalisée pour la première fois par Hispano-Suiza vers 1910-1911, sur ses moteurs Alphonse XIII (fig. 22) ;

— la réalisation en 1914 d'un *premier moteur à quatre soupapes en tête, à axes parallèles, commandées par un seul arbre à cames en dessus et des poussoirs courbes* : par Bugatti (fig. 23).

b. Pour l'aviation. — En 1907, le moteur Rep (Robert Esnault-Pelterie) (fig. 24), à cylindres disposés en quinconce suivant deux demi-étoiles (avec distribution par pistons-valves), qui devait recevoir le

Fig. 22. Hispano-Suiza 1910 « Alphonse 13 ».

Fig. 23. Moteur Bugatti (1914).

Prix de la Société des Ingénieurs Civils en 1908 et qui possédait déjà les qualités d'équilibrage et de faible surface frontale des moteurs en étoile double ;

Fig. 24. Moteur REP (1907).

— en 1907 aussi, le gros moteur d'aviation Clément, avec la distribution par un arbre à cames en dessus actionnant deux soupapes, inclinées par cylindre, solution déjà illustrée par la voiture Pip et qui devait atteindre la célébrité avec les moteurs américains Liberty de l'autre guerre ;

— en 1908, le moteur rotatif Gnome, de Louis-Laurent Seguin (fig. 25), à admission des gaz par le carter, soupape automatique dans le piston et échappement par une soupape unique en tête pour chaque cylindre (commandée par culbuteur et tige de traction) première réalisation industrielle du moteur rotatif à refroidissement par air, dont le développement ultérieur devait, on le sait, se prolonger jusqu'à la guerre de 1914-1918 avec les moteurs d'aviation Gnome-Rhone de 80 ch ;

— en 1912 et 1913, la prise par Paul Daniel de brevets américains et français (n°s 450.079 et 459.080) pour la suralimentation des moteurs d'aviation par compresseur centrifuge entraîné mécaniquement.

Fig. 25. Moteur Gnome de Louis-Laurent Seguin (1908).

Les réalisations françaises de moteurs Diesel

On sait que Rudolph Diesel, frappé de la justesse des idées de Carnot, voulut d'abord réaliser un véritable cycle de Carnot et que, plus tard, lorsqu'il passa à la réalisation, il donna à divers constructeurs français licence de son nouveau moteur (par l'intermédiaire de Dyckhoff, de Bar-le-Duc).

Très rapidement, des moteurs aux performances remarquables allaient être réalisés par ces constructeurs.

Chez Sautter-Harlé, en particulier, un monocylindre tournant à 210 tours/mn (au lieu de 80 à 100 tours, comme c'était l'usage à cette époque) était conçu et construit dès 1899, dont devait dériver peu après un moteur Diesel de 30 ch tournant à la même vitesse.

Dès 1901, Adrien Bochet dessine pour la même firme un moteur équilibré à pistons opposés et embiellage externe de 25 ch à 360 tours/mn (fig. 26), qui devait être essayé avec plein succès en août 1903, en présence de Rudolph Diesel, sur la péniche Petit-Pierre.

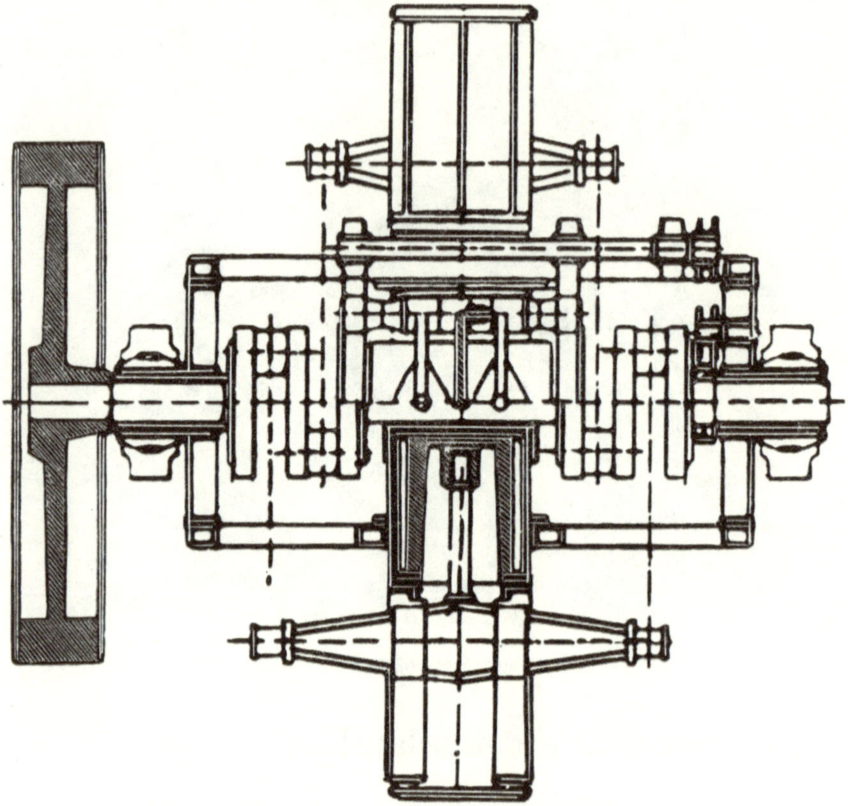

Fig. 26. Moteur Diesel Sautter-Harlé (1901).

Fig. 26 b. Moteur Sautter-Harlé 25 ch équilibré (1901).

La même année, un moteur *équilibré à deux groupes opposés* de 120 ch à 400 tours/mn (fig. 27) est dessiné et réalisé par la même firme pour être monté sur un sous-marin secret, le sous-marin « Z » (sur lequel d'autres moteurs seront montés en 1905 par suite des difficultés résultant des vibrations de torsion de l'arbre porte-hélice), mais qui n'en sera pas moins le premier moteur Diesel monté sur un sous-marin, comme le 25 ch fut le premier moteur Diesel monté sur un bateau.

Fig. 27. Moteur 120 ch Sautter-Harlé.

Pendant la même année 1901, Clerget tentait à Bar-le-Duc l'alimentation d'un moteur Diesel avec un mélange d'air, de pétrole et de nitrate de méthyle, ce qui lui donnait un diagramme voisin du diagramme de Beau de Bochas représenté figure 28, d'un ren-

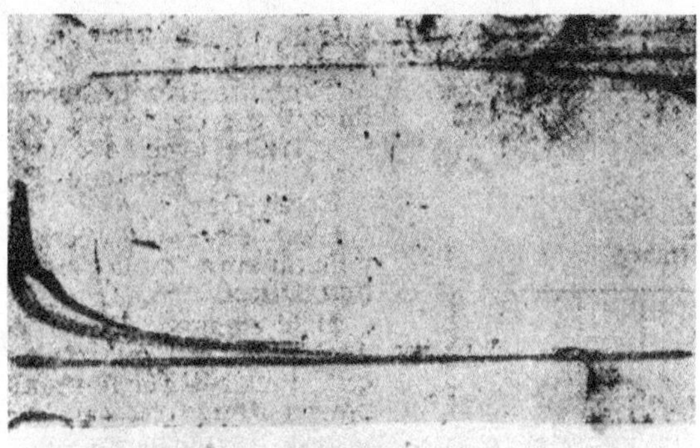

Fig. 28.

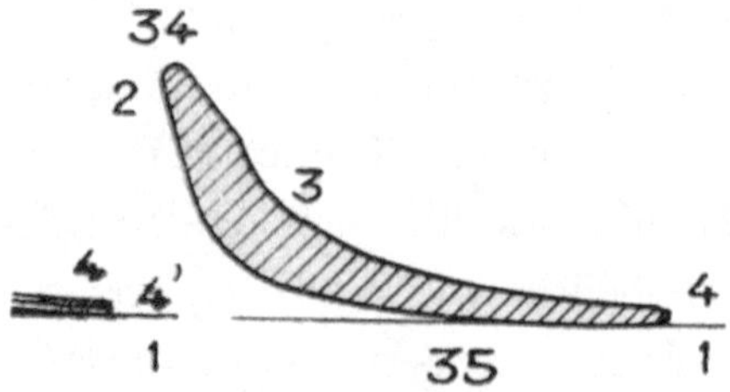

Fig. 29 . Diagramme Diesel (1897).

dement bien supérieur à celui du diagramme à combustion isotherme réalisé par Diesel en 1897 (fig. 29) (mais aussi une pression maxima de 90 kg/cm^2 qui faisait abandonner les expériences).

En 1904, Sautter-Harlé crée, pour les sous-marins *Opale, Émeraude* et *Rubis*, un moteur de 300 ch à quatre cylindres, 340 tours/mn (fig. 30), avec lequel ces sous-marins devaient effectuer une croisière célèbre, et commence la construction d'un *quatre cylindres 600 t/mn, à injection mécanique par accumulateur et injecteurs à soupapes à commande mécanique et à très faible levée étudié par l'ingénieur Wisler pour une vedette.*

Fig. 30. Moteur Sautter-Harlé 4 cylindres (1904-1905).

En 1907, elle réalise deux moteurs de 700 ch six cylindres, 400 tours/mn, pour le sous-marin *Mariotte*, munis de *pistons à fond d'acier refroidis à l'huile et d'un dispositif de graissage à carter sec* (fig. 31).

Vers la même époque, tout au moins vers 1909[18], Sabathée, se rendant compte intuitivement de la supériorité d'un cycle à *combustion*

[18] D'après les souvenirs du fils d'Adrien Bochet.

Fig. 31. Moteur 6 cylindres 600 ch Sautter-Harlé (1907).

partiellement isochore, partiellement isobare sur les cycles à combustion isotherme ou isobare de Diesel, s'efforce de réaliser le *diagramme mixte*, qui porte son nom, *en divisant l'injection en deux phases successives*, procédé difficilement réalisable avec l'injection pneumatique, mais que des efforts persévérants devaient faire appliquer plus tard avec un certain succès (en particulier par la Société La Chaléassière).

On sait que l'injection mécanique devait rendre très facile la réalisation de ce cycle, dont la supériorité théorique devait d'ailleurs faire l'objet d'une première démonstration de Joseph Bertrand citée par Weber (mais contestable, la quantité de combustible injectée étant considérée comme constante pour un même volume mort et une cylindrée variable). J'ai donné dans *Énergie*, en avril 1945, un calcul précisant le rapport de compression qui donne le cycle mixte optimum (pour une quantité de chaleur et une pression maxima données).

En 1913, c'est encore chez Sautter-Harlé, sous la direction de l'ingénieur Wissler, que se trouve réalisé le premier moteur Diesel pour sous-marin à circuit fermé, appliquant le système Jaubert à injection d'oxygène. Ce moteur, représenté figure 32, comportait également sans doute le *premier dispositif d'injection mécanique à accumulateur élastique* (en forme de fourreau de sabre) et à *injecteurs fermés à pointeaux à commande mécanique.*

Fig. 32. Moteur Sautter-Harlé, système Jaubert (1913).

Les progrès suscités par la guerre de 1914-1918

Avec la guerre de 1914-1918, ce sont naturellement les moteurs d'aviation et les moteurs Diesel de sous-marins sur lesquels l'effort des inventeurs et des techniciens se porte.

a. En matière de moteur d'aviation. — Tandis que les moteurs fixes en étoile à refroidissement par air ou à refroidissement par eau (Salmson) tendent à se substituer aux moteurs rotatifs, le moteur en V à refroidissement par eau remporte ses premiers et éclatants succès avec les quatre cylindres en V 150 ch Hispano-Suiza.

Par ailleurs, les premiers efforts se manifestent pour lutter contre la déperdition de puissance en altitude, d'abord par la *surcompression*, ensuite par la *suralimentation*, que Rateau pense le premier (brevet de 1916) à réaliser par un turbo-compresseur alimenté par le collecteur d'échappement et complété au besoin par des radiateurs d'air interposés entre compresseurs et moteur (solution qui ne devait être reprise que beaucoup plus récemment : d'abord sur le moteur stratosphérique Farman construit vers 1936, ensuite sur les forteresses volantes américaines de la dernière guerre).

La première machine réalisée au début de 1917 fut essayée au Lautaret, sur un 220 ch Lorraine, en présence de MM. Gaquot et Martinot-Lagarde, pesait 23 kg pour une puissance de 50 ch et tournait à 30.000 tours/mn (fig. 33).

Fig. 33. Premier turbo-compresseur Rateau.

Surcompression et suralimentation devaient d'ailleurs faciliter l'apparition de la *détonation*, avec les conséquences mécaniques et les *fatigues thermiques* qu'elle entraîne et attirer pour la première fois l'attention des spécialistes, plus particulièrement celle de M. Paul Dumanois, sur l'*influence de la qualité de l'essence dans l'apparition de ce phénomène.*

Nous reviendrons dans un instant sur les études théoriques qui en résultèrent et sur leurs conséquences.

b. En matière de moteurs diesel de sous-marins. — La nécessité d'obtenir une puissance de plus en plus grande, dans un encombrement très faible et avec un faible poids, devait fatalement susciter l'application des solutions propres à augmenter la puissance spécifique : grandes vitesses de rotation, injection mécanique, deux temps, construction du bâti en tôle soudée ; mais ces solutions ne devaient prendre leur véritable développement qu'entre les deux guerres.

L'évolution de 1918 à 1930

Après la guerre de 1914-1918, les esprits se tournent naturellement vers l'automobile et l'aviation.

a. En matière d'automobile. — La grande préoccupation est de construire en série des véhicules économiques, donc munis de petits moteurs à haut rendement et à grande vitesse de rotation (Citroën A et B2, Peugeot 291, Renault 6 ch). Mais *les solutions nouvelles se manifestent plutôt du côté mécanique* : moteur à deux temps à deux groupes de deux cylindres jumelés en V de Violet en 1919, puis en 1920 distribution Bugatti à trois soupapes parallèles (deux d'admission et une d'échappement par cylindre, commandées par un seul arbre à cames en dessus et des inguets entrecroisés) ; en 1920, également, distribution Ballot à deux soupapes inclinées par cylindre, commandées par un arbre à cames et culbuteurs et proposition de Tozi pour une distribution comportant une seule soupape par cylindre et un distributeur, comme nous avons vu que cela avait déjà été breveté en 1905, mais avec comme particularité nouvelle, l'emploi d'un distributeur tournant ; en 1921, distribution Salmson, de l'ingénieur Émile Petit, à deux soupapes inclinées par cylindre, commandées par deux arbres à cames en tête et poussoirs de grand diamètre à commande desmodromique (fig. 34) ; en 1929, la distribution Hispano-Suiza à deux soupapes en tête à axes parallèles, avec attaque directe des soupapes par arbre à cames (32 ch, six cylindres).

Fig. 34. Moteur Salmson (1921).

Cependant, l'ingénieur français Cozette, déjà célèbre par ses carburateurs à dépression quasi constante et à forte pulvérisation, sort déjà les premières *culasses antidétonantes en alliage d'aluminium* à haute conductibilité thermique.

Andreau, de son côté, réalise un moteur à longue détente à deux vilebrequins, dont l'un tournant à demi-vitesse, qui est le premier de cette catégorie de moteurs à réaliser des consommations spécifiques exceptionnellement basses (moins de 165 gr au ch/h avec de l'essence ordinaire dite «Tourisme»).

Enfin, on ne saurait manquer d'attirer l'attention sur deux tentatives d'emploi des dérivés peu volatils du pétrole réalisées pendant cette même période : d'abord le dispositif Bellem-Bregeras tendant à substituer le pétrole lampant à l'essence dans les moteurs à explosion, par pulvérisation de pétrole, en présence de très peu d'air, dans le vide créé par un très grand retard à l'ouverture d'admission, solution essayée avec plein succès (dilution de l'huile de graissage exceptée), en juin 1918 sur un moteur Unic, sans décompression ni détonation, sans perte de puissance ni augmentation de consommation, puis en 1928 pour la substitution du gas-oil à l'essence ; ensuite le *moteur Diesel réalisé par Tartrais*, en collaboration avec la Société Peugeot, dès 1921 et par lequel *la France ouvre la voie du Diesel léger à grande vitesse destiné à la traction automobile.*

Ce dernier moteur à deux cylindres à deux temps, à injection mécanique par injecteur à nappe, était muni effectivement d'une culasse torique à très haute turbulence, qui constitue incontestablement le point

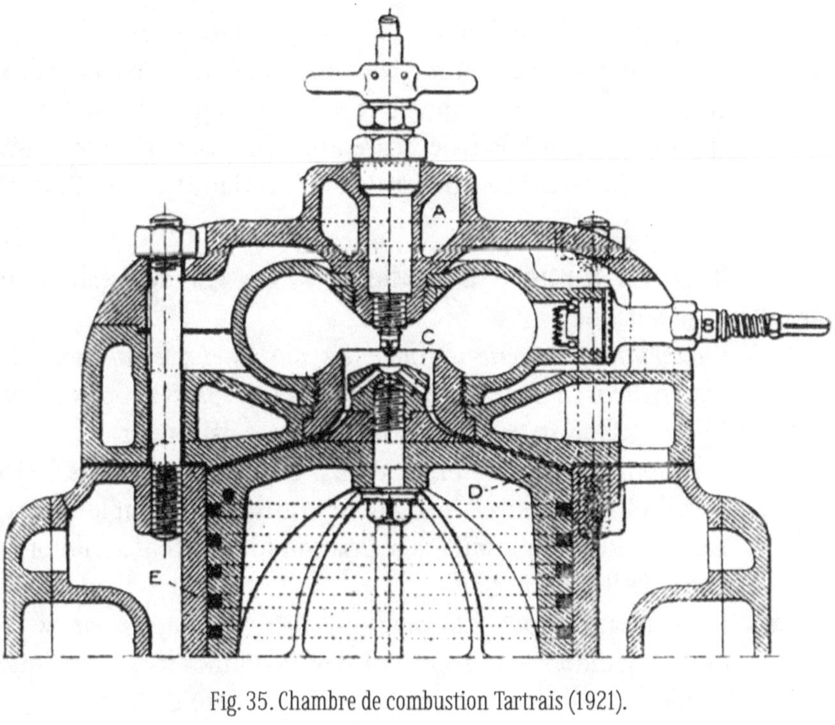

Fig. 35. Chambre de combustion Tartrais (1921).

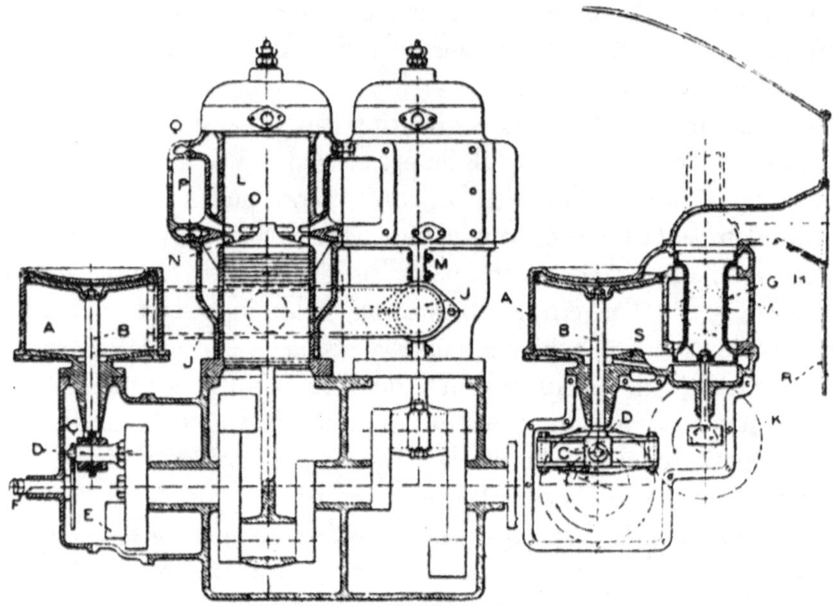

Fig. 36. Moteur Tartrais (1921).

de départ d'une catégorie de chambres séparées, dont on sait que le succès dure encore de nos jours. Les figures 35 et 36 représentent la coupe de la chambre de combustion de ce moteur et sa coupe longitudinale.

Un raid Paris-Bordeaux-Paris exécuté avec une voiture de tourisme munie du moteur Tartrais-Peugeot devait d'ailleurs faire ressortir l'intérêt des solutions adoptées.

b. En matière d'aviation. — Les grandes réalisations françaises sont surtout :

1. - L'*adaptation en série des premiers ventilateurs et des premiers compresseurs à entraînement mécanique*, par la Société des Moteurs Gnome-et-Rhône (sur les moteurs Jupiter) ;
2. - Les premiers *douze cylindres en V* à 60° de Renault vers 1918, puis d'Hispano-Suiza, inaugurant une formule dont le succès a été ininterrompu jusqu'à la réalisation toute récente du moteur Eagle de Rolls-Royce ;
3. - La réalisation par Lorraine du *premier moteur en W* (à douze cylindres), solution qui devait donner lieu à quelques applications brillantes comme le 900 ch Asso de Fiat ;

4. - L'*adaptation au moteur en étoile de culasses en alliage léger de forme ellipsoïdale, à, deux soupapes en tête inclinées, sur le premier moteur K de Gnome-et-Rhône*, en 1929, solution dont le succès s'est prolongé également jusqu'aux moteurs en étoile les plus récents (fig. 37).

Enfin, dans le domaine du moteur Diesel, notre grand spécialiste Clerget réalise, dès 1928, un *moteur Diesel à neuf cylindres en étoile à refroidissement par air, de 100 ch, à injection mécanique, avec une pompe*

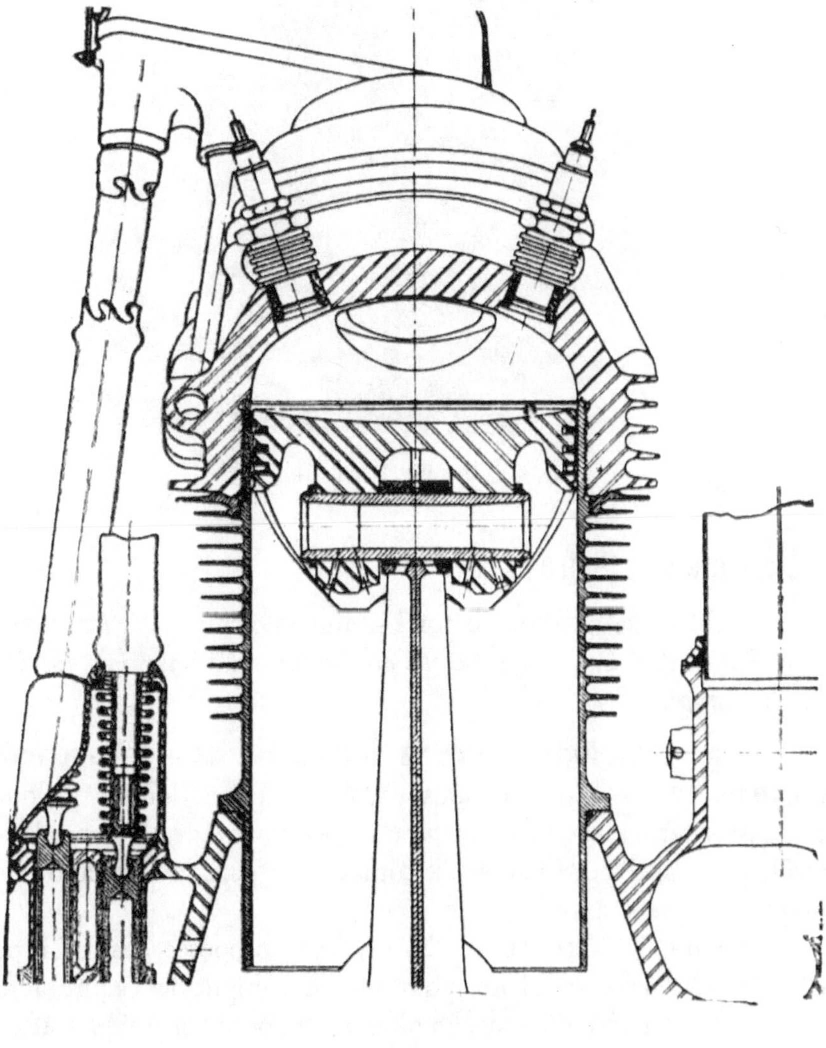

Fig. 37. Moteur Gnome-Rhône K 1929.

et un injecteur fermé par cylindre, qui sera le premier moteur Diesel qui ait volé (en 1929) et pesait moins de 1 kg 200/ch (fig. 38). Ce moteur n'était d'ailleurs qu'une seconde tentative, Clerget ayant conçu et construit, dès 1926 ou 1927, un moteur Diesel d'aviation à huit cylindres en V, à deux temps et à pompe volumétrique de balayage, qui fut essayé mais ne lui donna pas satisfaction.

Fig. 38. Moteur Diesel Clerget (1928).

L'évolution de 1930 à 1939

De 1930 à 1939, l'effort se porte simultanément vers la *lutte contre la détonation dans les moteurs à explosion d'automobile et vers la réalisation des Diesel rapides*.

a. La lutte contre la détonation dans les moteurs à explosion. — Gomme nous l'avons déjà mentionné, quelques spécialistes particulièrement avertis avaient pressenti dès 1916 ou 1917 le rôle particulier de la nature du combustible dans la détonation des moteurs à explosion.

S'inspirant de la *théorie de l'autoxydation* proposée dès 1921 par Moureu, Dufraisse et Chaux pour rendre compte de l'allure autocatalytique de l'oxydation de nombreux composés organiques à. des températures relativement basses (inférieures à 300 à 350° C), M.

Paul Dumanois fut sans doute le premier à démontrer la formation de composés oxygénés d'addition dans un mélange de vapeur d'essence et d'air entre 200 et 250°, tandis que Mondain-Monval et J. Auclair décelaient dès 1927 la présence des péroxydes dans les gaz ayant traversé un moteur à explosion.

De là, à partir de 1935 surtout, les recherches approfondies de toute une série de physiciens et de chimistes français : les publications de Grebel sur les caractères et les facteurs de la détonation dans les moteurs à explosion, dans le *Bulletin* de votre Société ; celles d'Aubert et Pignot sur le phénomène d'inflammation par compression adiabatique ; celles de Laffitte et de Duchêne sur la propagation détonante et la propagation normale dans les mélanges gazeux combustibles ; celles de Prettre sur la cinétique de l'oxydation des combustibles gazeux, complétées par celles de Mme Dufour-Estradère, sur le passage du processus catalytique à la combustion destructive.

L'ensemble de ces études a incontestablement été d'une grande utilité pour guider l'industrie du pétrole vers des procédés nouveaux de raffinage : cracking, reforming, *superfractionnement* (particulièrement étudié par notre compatriote Givaudon), alkylation, *cracking catalytique*, inventé par notre compatriote Oudry, précisément vers 1930, et dont on sait le succès ultérieur immense aux U.S.A.

Mais la détonation ne dépend pas seulement du carburant, elle dépend aussi du moteur ; il fallait étudier l'aspect physique de son mécanisme, et c'est ce à quoi je me suis presque uniquement consacré de 1930 à 1936, en même temps que quelques autres chercheurs français.

En fait, ces études ont conduit à *toute une série de moyens nouveaux de reculer l'apparition de la détonation*, applicables d'ailleurs tant à l'automobile qu'à l'aviation et parmi lesquels on peut citer :

1. - ***La réduction automatique de l'avance à l'allumage aux fortes charges*** (brevetée par moi en 1931 et perfectionnée en 1937), dont l'efficacité fut démontrée dès 1933 par les essais que je pus effectuer sur un moteur K7 Gnome-et-Rhône muni d'un compresseur rétablissant la pression atmosphérique à 1.500 mètres (en réalisant à la fois le fonctionnement sans détonation à pleine admission au sol avec un rapport de compression de 7,25/1 et une consommation au régime de croisière de 191 grammes ch/h, avec une essence d'indice d'octane égal à 73 seulement).

Des applications ultérieures sur moteur 9 Krse Gnome-et-Rhône (pression d'admission : 1.350 mm Hg, avec essence 80 d'octane) et sur 12 Y 24 Hispano-Suiza ont confirmé l'intérêt de cette solution, dont différentes variantes ont d'ailleurs été appliquées depuis à l'étranger.

2. - *Disposition des bougies d'allumage* permettant de brûler en premier lieu la partie de la charge gazeuse la plus chaude ou la plus proche de parois surchauffées (appliquée par Gnome-et-Rhône dès 1933 et par bien d'autres constructeurs depuis).

3. - *Le refroidissement localisé par déflecteurs* des régions les plus chaudes des culasses de moteurs à refroidissement par air et l'augmentation de la surface des ailettes de ces culasses.

4. - ***Le refroidissement des gaz admis au moteur, par augmentation du rendement du compresseur, par augmentation de la richesse ou par injection dans les gaz admis d'un liquide à forte chaleur latente de vaporisation.*** Ce dernier procédé, qui remonte, comme nous l'avons vu, à Lenoir et à Banki, fut repris en 1934 par Albert Darche, qui préconisait *l'injection d'eau localisée*, et par moi-même en 1937 sous une forme tendant à réaliser un dosage correct et une consommation minima de l'eau, du mélange aqueux ou d'un carburant antidétonant.

On sait quel parti considérable a été tiré de solutions analogues réalisant l'injection dans la tubulure d'admission de mélanges au méthanol pour la surpuissance des moteurs d'aviation, ou plus récemment pour la surcompression des moteurs d'automobiles.

5. - L'augmentation de la résistance à la détonation des moteurs à soupapes latérales à l'aide de rainures pratiquées dans une région convenable de la culasse, suivant une disposition à laquelle mon collègue M. Véron a été conduit, pour sa part, par d'autres considérations.

Indépendamment de ces applications directes d'idées personnelles et de la théorie de l'inflammation nucléaire dérivant des études que je devais publier de 1932 à 1936 sur la détonation, d'autres solutions techniques nouvelles paraissent particulièrement dignes d'être citées :

1. - *Des améliorations au refroidissement des culasses de moteurs d'automobiles à refroidissement par eau* : soit à l'aide d'*ailettes noyées dans la circulation d'eau* (Peugeot 201, 301, 401), soit par *projection de l'eau sur les sièges de soupapes d'échappement* à l'aide de trous pratiqués dans une canalisation spéciale (moteurs des voitures Citroën à traction avant 1934).

2. - *La substitution au carburateur ordinaire d'un dispositif d'injection mécanique du carburant*, dont les premières applications semblent avoir été réalisées d'une part par notre compatriote Violet sur un moteur d'aviation quatre cylindres en V à deux temps, conservé au Musée de l'Air et datant de 1934 (injection directe par injecteurs-pompes montés sur les cylindres), d'autre part, vers la même époque, par notre compatriote Loré, qui commença par la pratiquer dans la canalisation d'admission et en regard de chacune des soupapes d'admission.

On sait que d'autres ingénieurs français ont réalisé dans cette voie, depuis lors, des dispositifs fort intéressants, particulièrement M. Retel, qui a décrit ici même son dispositif simplifié à pompe à débit continu, à distributeur synchronisé et à injection directe dans les cylindres pour moteur d'automobile[19], et M. Fabian, qui a réalisé chez Brandt un dispositif à haute pression et à injection directe (dans le cylindre, combiné avec une stratification de l'air admis qui lui a permis de faire contrôler à la Station Claude Bonnier[20], avec les alcools éthylique et méthylique, les rendements thermiques globaux les plus élevés qui aient jamais été obtenus, même sur moteur Diesel, soit près de 45 %.

S'agissant toujours de l'évolution des moteurs à explosion, on ne saurait encore manquer de signaler la réalisation, de 1936 à 1939, par Planiol et Szidlowsky, du premier compresseur à rapport de pression variable et à haut rendement destiné aux moteurs d'aviation et, dans le même ordre d'idées, la présentation au Salon de l'Aviation de 1936, du *premier moteur appliquant le nouveau procédé Rateau de suralimentation par turbo-compresseur actionné par les bouffées d'échappement de chaque cylindre, avec évacuation séparée du reste des gaz brûlés directement dans l'atmosphère* (le 450 ch Lorraine douze cylindres en I, dessiné par M. Ménétrier).

Enfin, dans l'ordre des nouveautés d'ordre mécanique, il paraît à peu près indispensable de citer :

— en 1927, le projet de *moteur à quatre vilebrequins groupant quatre cylindres en V*, de manière à supprimer la plus grande partie des parois des culasses, de l'ingénieur Cauzan (fig. 39) ;

---

[19] Brevet de 1940-41-45.

[20] En mai 1942.

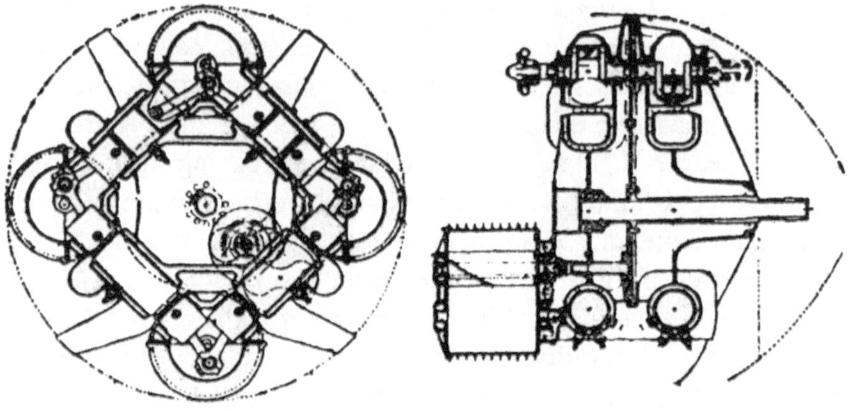

Fig. 39. Moteur Cauzan (1927).

— en 1936, le moteur Mawen à distribution sans soupapes, par rotation des cylindres groupés en étoile en sens inverse du vilebrequin, à l'intérieur d'une couronne fixe comme représenté figure 40) ;

— après la Libération, la présentation du moteur Mathis à six étoiles, de sept cylindres, conçu avant guerre ;

— enfin, tout récemment, la nouvelle *distribution à boisseau cylindrique* tournant de notre compatriote Groleak et le moteur à longue détente et embiellage épicycloïdal de Barbrel.

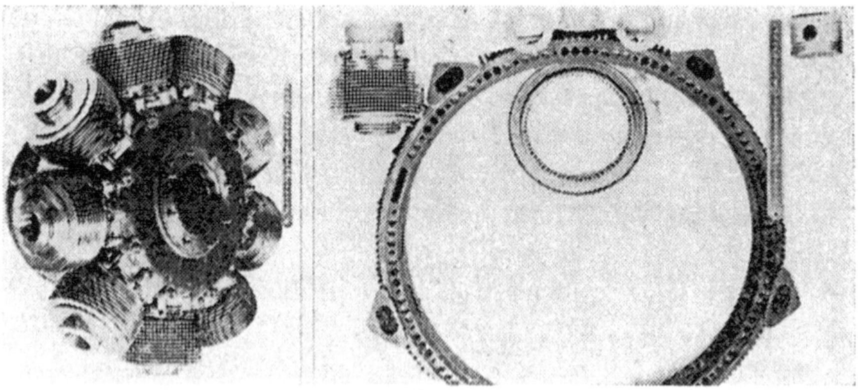

Fig. 40. Moteur Mawen (1936).

Évolution des moteurs Diesel

Pendant la même période, de 1930 à nos jours, un gros effort a été réalisé aussi, en France, pour établir des moteurs Diesel rapides pour camions et même pour tenter la réalisation de moteurs Diesel d'aviation suffisamment légers.

En outre, la suralimentation et le cycle à deux temps ont été appliqués avec succès aux Diesels fixes et marins.

a. Moteurs diesel de camions et moteurs d'aviation. — Dans cette voie, l'effort a porté, en France, surtout sur le perfectionnement des dispositifs d'injection, et accessoirement sur celui des chambres de combustion.

a) Dispositifs d'injection. — Dans ce domaine, des études particulièrement méthodiques ont été réalisées :

1. - Au sujet des *facteurs de la micro et de la macrostructure*, par René Retel[21] ;
2. - Au sujet de la *propagation des ondes de pression* dans les conduites reliant pompes et injecteurs et des *transvasements entre cylindre et préchambre*, par André Labarthe[22] et par Mlle de Lérys ;
3. - Au sujet de l'*influence des dops* pour combustibles Diesel et des possibilités fournies par l'injection simultanée de gasoil et d'alcool, par Clerget ;
4. - Au sujet de la *propagation de la combustion dans le Diesel*, par Duchêne, Seguin et Clerget ;
5. - Au sujet du choc, et éventuellement de la *détonation dans le Diesel*, par moi-même sur le plan théorique et par René Retel sur le plan expérimental.

   En outre, il semble que ce soit René Retel qui ait conçu la première pompe d'injection mécanique à variation de pression limitée, réalisée par lui dès 1930 et décrite dans le *Bulletin des Inventions* (fig. 41).

Il est incontestable, d'autre part que notre compatriote Jalbert a ouvert une *voie nouvelle pour l'injection de combustible dans les*

[21] Note à l'Académie des Sciences du 29 mai 1933 et conférence à la Société des Ingénieurs Civils 1933. — Conférence au C.N.A.M du 31 mars 1935. — Note à l'Académie des Sciences du 5 août 1935. — Bulletin du S. T. Aé. n° 81.

[22] *Le problème de l'injection d'un combustible. Annales des Combustibles liquides* 1938.

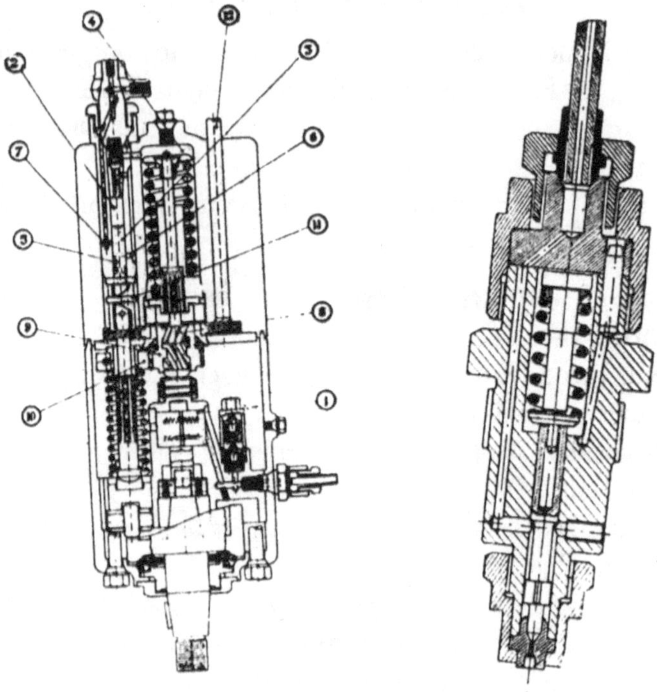

Fig. 41. Pompe Retel.

moteurs Diesel et même dans les moteurs à explosion en créant le *dispositif d'injection pneumatique à cylindre auxiliaire accolé au cylindre principal*, qu'il a appliqué successivement à un seize cylindres en H d'aviation de 600 ch, en 1934 (fig. 42), et à des moteurs à alcool d'autorail ou fixes, depuis la Libération.

Fig. 42. Moteur Diesel 600 ch système Jalbert (1934).

Enfin, le *dispositif d'injection Coatalen*, à pression constante de 800 kg/cm^2 et injecteur commandé mécaniquement, constitue une réalisation technique remarquable, puisqu'elle a permis de tirer 600 ch d'un douze cylindres en V de 36 litres de cylindrée, avec 60 kg seulement de pression maxima, et de réaliser une consommation spécifique minima exceptionnellement basse de 151 grammes ch/h dès 1936 (fig. 43).

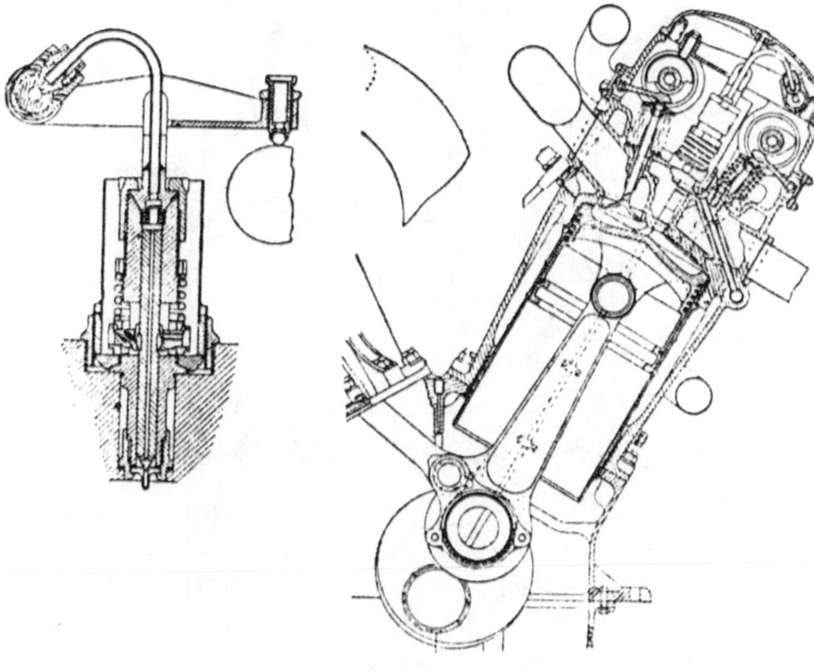

Fig. 43. Moteur Diesel Coatalen (1936).

b) Chambres de combustion. — Dans cette voie, on a surtout cherché, en France, à perfectionner les solutions créées à l'étranger, soit :

1. - *En montant la chambre sur la forme des jets* (Coatalen) ;
2. - *En réduisant la chaleur cédée aux parois dans les chambres séparées à turbulence* (chambres Comet de Renault et de Berliet).
3. - En cherchant à réaliser une certaine turbulence tout en limitant les pertes de chaleur par les parois par des dispositions intermédiaires entre l'injection directe et la chambre séparée (moteur Unic 1946) (fig. 44).

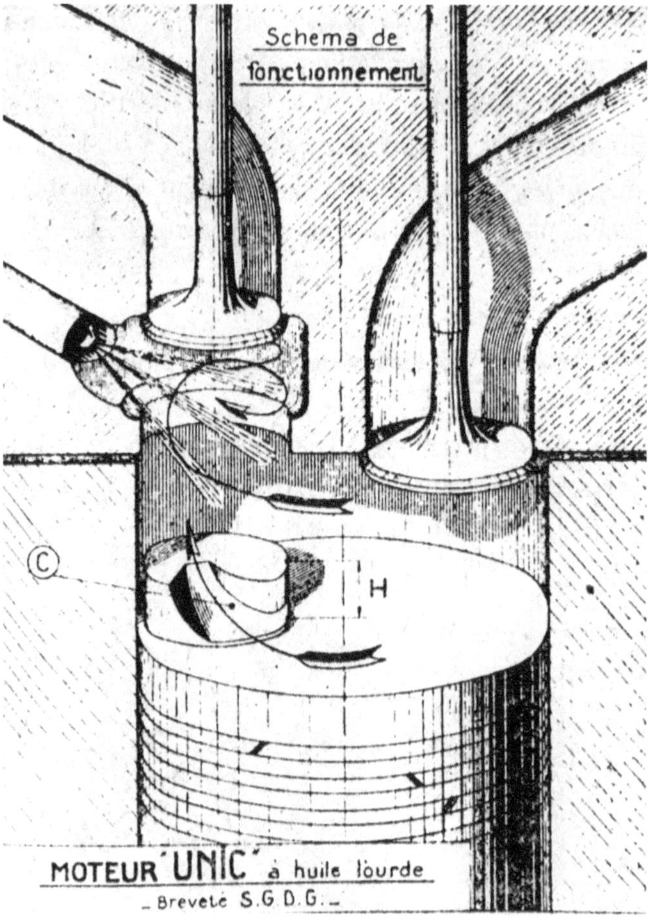

Fig. 44. Chambre Diesel Unic.

b. Moteurs fixes et marins. — En vue de diminuer le poids, le prix et l'encombrement de ces moteurs, certaines firmes françaises ont réalisé très vite des moteurs à quatre temps suralimentés et des moteurs à deux temps à simple ou double effet à grande vitesse, parmi lesquels on ne saurait manquer de citer :

— les moteurs à *huit cylindres en ligne suralimentés par turbo-soufflante Rateau*, par les Ateliers de Construction Mécanique de La Courneuve, réalisant dès 1937 un gain de *50 % sur la pression moyenne* obtenue sans suralimentation, dont on trouvera la description détaillée dans les *Mémoires* de la Société des Ingénieurs Civils de France ;

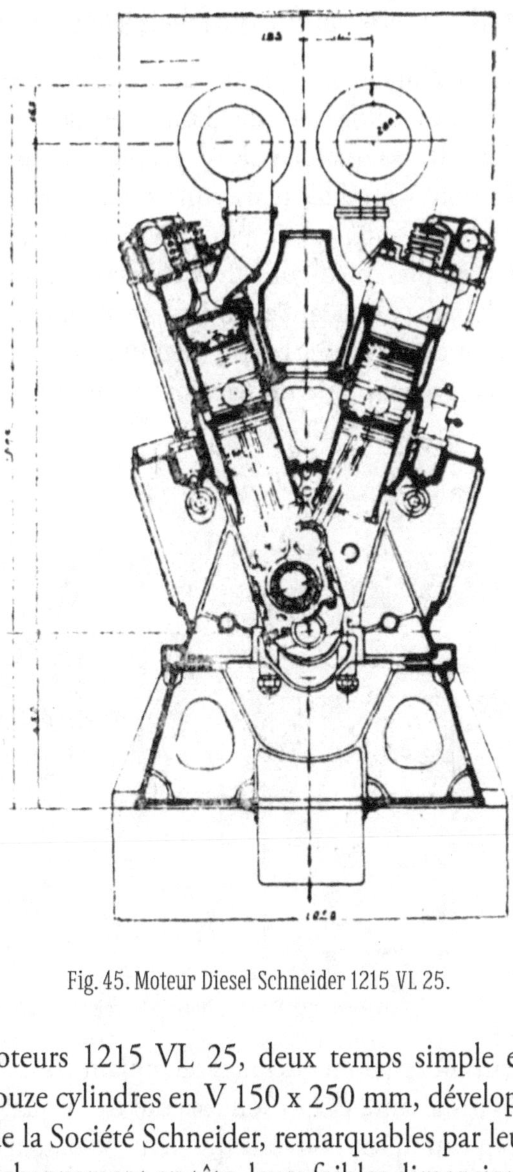

Fig. 45. Moteur Diesel Schneider 1215 VL 25.

— les moteurs 1215 VL 25, deux temps simple effet, injection mécanique, douze cylindres en V 150 x 250 mm, développant 600 ch à 1.150 tours, de la Société Schneider, remarquables par leur distribution à soupapes d'échappement en tête, leurs faibles dimensions et leur faible poids (fig. 45) ;

— les 1.500 ch six cylindres deux temps simple effet, injection mécanique de la même firme, développant effectivement leur puissance nominale à 474 tours/mn, avec une consommation de 171 grammes ch/h seulement et ne pesant que 22 tonnes.

Nouveaux moteurs alternatifs associables à des turbines à gaz

Nous ne saurions manquer, à la fin de cet exposé, d'attirer encore l'attention sur la réalisation récente d'un type de moteur alternatif utilisant un capsulisme maintes fois proposé pour la réalisation de pompes à gaz ou à liquide, mais jamais appliqué avec succès aux moteurs à combustion interne ; je veux parler de l'oscillateur libre de M. Ernest Mercier représenté figure 46 et constitué, comme on sait, par deux systèmes de volets oscillant autour d'un même axe géométrique solidairement, l'un avec l'arbre, l'autre avec une enveloppe externe, de manière à former un ensemble entièrement équilibré ne transmettant aucune réaction à ses supports.

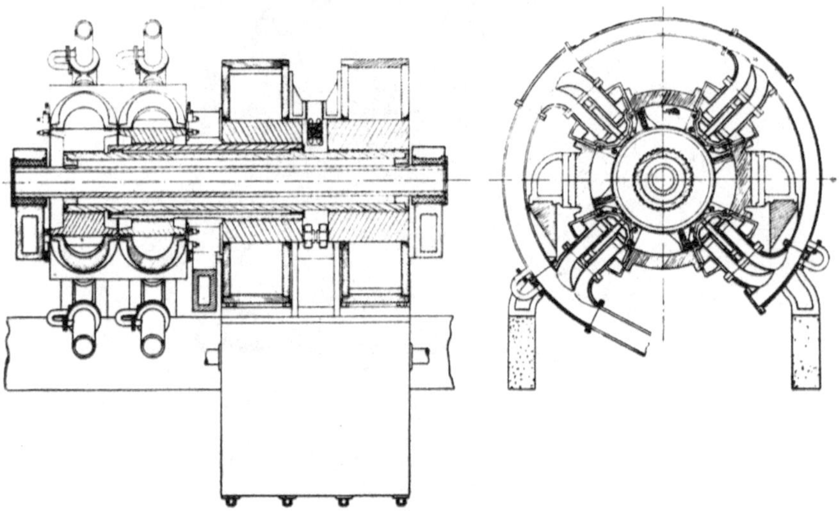

Fig. 46. Machine à piston libre E. Mercier.

Ces oscillateurs libres, dont quelques exemplaires ont déjà fonctionné d'une manière satisfaisante et qui sont encore remarquables par le type de clapets aérodynamiques nouveau que leur inventeur y a introduit, ne constituent d'ailleurs qu'un ultime perfectionnement des oscillateurs libres à piston à double effet et à courses toutes motrices (fig. 47) que M. Mercier avait déjà substitué avec succès à la machine à piston libre bien connue de M. Pescara, et il a dû concevoir et mettre au point spécialement pour l'une et l'autre de ces machines une commande élastique de la rotation d'un volant par le système oscillant à course variable qui les

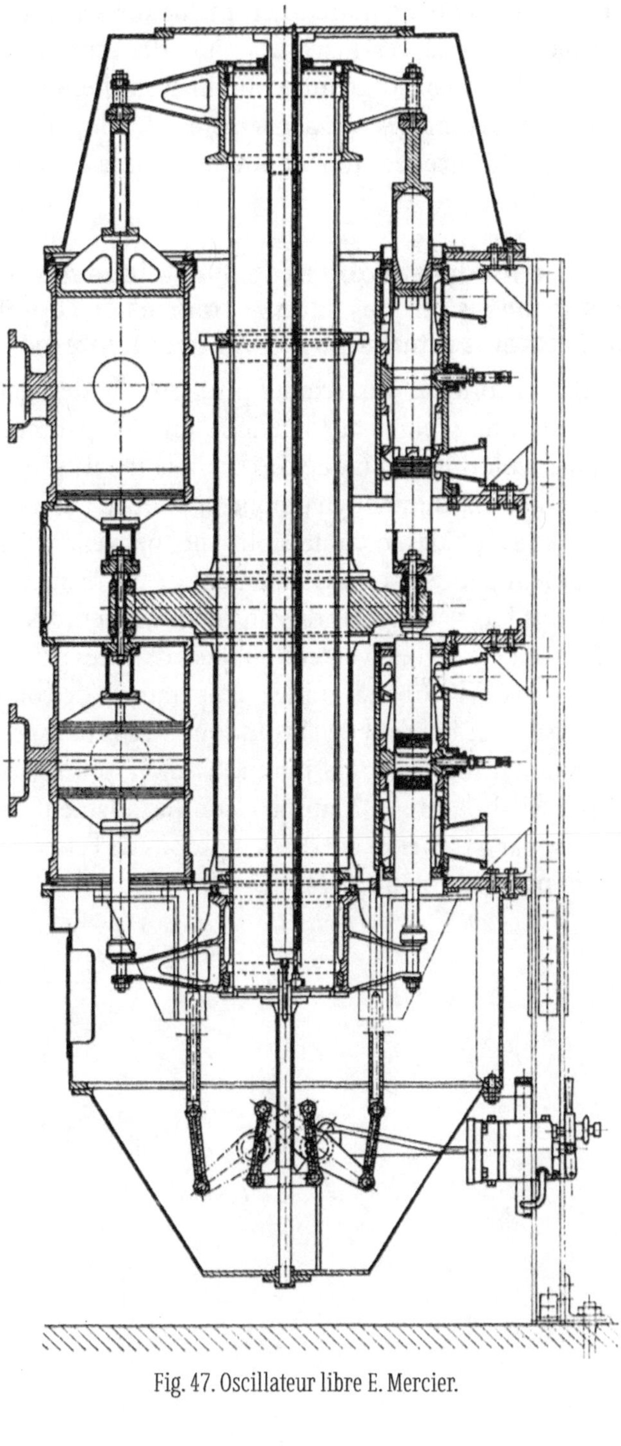

Fig. 47. Oscillateur libre E. Mercier.

caractérise. Il est en dehors de notre sujet, malheureusement, de parler du cycle complexe auquel ces machines sont destinées à participer, mais on sait que celui-ci constitue une combinaison thermodynamique remarquable dont les avantages ont d'ailleurs été développés en détail à l'occasion d'une conférence récemment publiée dans le *Bulletin* de votre Société.

Études de thermodynamique et de dynamique des fluides récemment publiées par des auteurs français et s'appliquant aux moteurs alternatifs à combustion interne

Si les études théoriques ou scientifiques sur la détonation que nous avons mentionnées plus haut ont joué un rôle particulièrement important dans l'évolution technique de ces moteurs, il est évident que les études concernant la thermodynamique appliquée à la combustion et l'écoulement des fluides compressibles ne peuvent manquer de contribuer pour leur part au perfectionnement de ces mêmes moteurs.

Dans cet ordre d'idées, il importe de signaler que des études théoriques de grande valeur ont été successivement publiées dans ces trois ou quatre dernières années : par M. Ribaud, sur les températures de combustion ; par M. Vichnievsky, sur le calcul de l'évolution des gaz dans les moteurs par le diagramme entropie-énergie interne ; sur la propagation de la combustion par MM. Laure et Manson ; sur l'écoulement des fluides dans les moteurs, par M. Métral en 1939, à propos de l'effet Coanda, et par M. Villey et par nous-même depuis la Libération.

Conclusion

Au moment de conclure, je tiens d'abord à attirer l'attention sur le caractère forcément incomplet (peut-être même par endroits imparfaitement exact) du résumé par lequel nous avons essayé de faire ressortir de notre mieux les grandes lignes de la contribution française à l'évolution technique des moteurs alternatifs à combustion interne et de rendre justice autant que faire se pouvait à ceux de nos compatriotes qui ont été les principaux artisans de cette évolution.

Je voudrais ensuite remercier tous ceux dont la bonne volonté m'a aidé à remplir tant bien que mal la tâche qui m'a été dévolue par votre Société (MM. Harlé, Bochet, Jouve, et en général les membres de la Commission historique de la S. I. A. : MM. P. Bollée, Jalbert, etc.).

Je voudrais enfin manifester avec vous l'admiration que l'on ne peut s'empêcher d'avoir pour cette prodigieuse pléiade d'inventeurs, de réalisateurs, de chercheurs et même de savants qui ont conquis jadis pour notre pays la première place dans la construction des moteurs à combustion interne et qui nous l'auraient sans aucun doute conservée si des mesures fiscales ou des situations économiques difficiles nées des guerres mondiales n'étaient venues entraver le développement des idées et des solutions nouvelles dont l'honneur, tout au moins, leur reste, ainsi qu'à notre pays.

Remerciements

Nous tenons à remercier Monsieur Christian Magot Cuvru qui nous a spontanément cédé le droit de rééditer cet ouvrage, et nous a fourni la photo de Max Serruys ainsi que le document sur son terrible accident.

Monsieur Yves Valleix qui nous a fait parvenir l'original de ce texte et nous a permis de le découvrir.

Table des Matières

Moteurs

www.decoopman.com

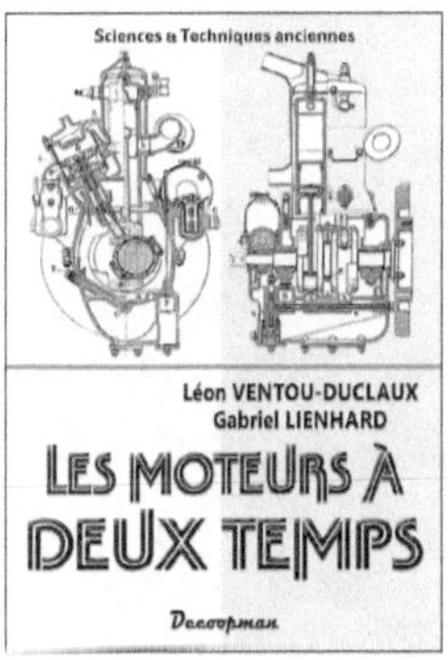

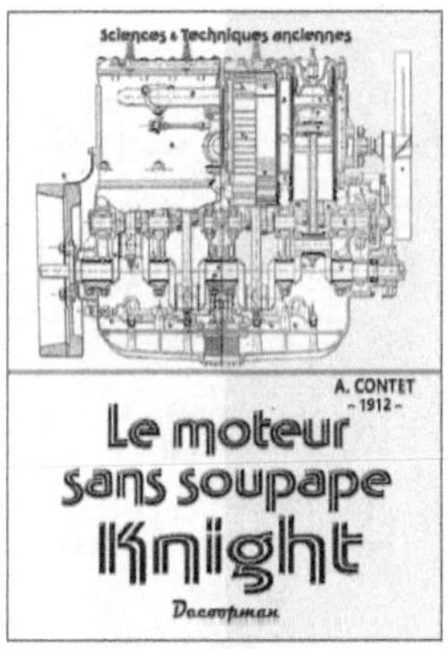

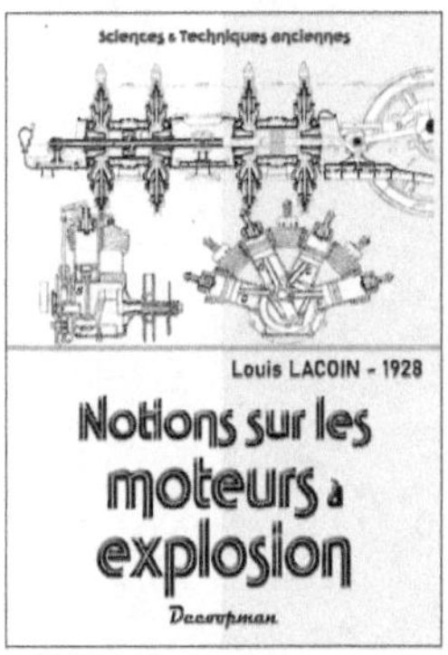

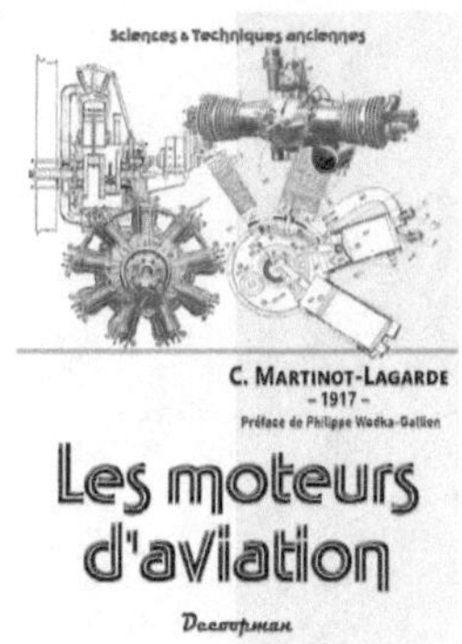

Éditions Decoopman - Ferrières - 30440 Saint-Laurent-le-Minier
Tel: +33 (0) 4.67.73.90.95 - web: www.decoopman.com - e.mail: livres@decoopman.com

Moteurs

www.decoopman.com

Éditions Decoopman - Ferrières - 30440 Saint-Laurent-le-Minier
Tel : +33 (0) 4.67.73.90.95 - web : www.decoopman.com - e.mail : livres@decoopman.com

www.ingramcontent.com/pod-product-compliance
Lightning Source LLC
LaVergne TN
LVHW102249061026
849522LV00013B/886

* 9 7 8 2 3 6 9 6 5 2 0 7 6 *